一流、二流、三流的提問術

發掘問題，激勵他人，
改變行動力的48個提問訣竅

質問の一流、二流、三流

話術專家‧日本能力開發推進
協會上級心理諮商師
桐生稔 著
林慧雯 譯

當人生走到盡頭時，
有沒有什麼事
會讓你感到後悔呢？

前言

■提問是最強的溝通技巧

不好意思，一開頭就問了有點奇怪的問題。

但如果你真的想起了可能會後悔的事，例如：

「如果當初有挑戰○○就好了。」

「如果當初有向重要的人坦白心意就好了。」

「如果當初有更珍惜家人就好了。」

如果你心裡真的有感到後悔的事，還是趁活著的時候趕緊去做吧！

因為這是你人生中最重要的事。

其實有時候好好提問，會像這樣教導我們非常重要的事。

不僅如此，提問也能鼓舞對方，讓對方提起幹勁。

當下屬沒有做出預期的成果時，有一種上司會質問下屬：

●「你為什麼沒做好？」

而另一種上司會問的是：

●「你怎麼了嗎？」

這兩個問題，唯有後者才能讓下屬敞開心扉回答。因為這樣的問話代表上司希望知道背後真正的原因。這樣的對話能讓改善方向變得明確清晰，同時加強下屬的工作動力。

不僅如此，好的問題還能讓應該思考的論點變得更加明確。

假設在會議中，大家正在討論：「該如何提升公司成員的歸屬感呢？」

如果有人能提出：「話說回來，為什麼要提升歸屬感？」

「歸屬感的定義是什麼？」

像這樣樸實的提問，才能夠突顯真正的本質。

被尊稱為「現代管理學之父」的彼得・杜拉克說過：

「重要的不是找出正確答案，而是找出正確的問題。」

愛因斯坦也曾這麼說：

「如果眼前有一個人想要自殺，而你只有一個小時的時間可以思考幫助他的方法，前五十五分鐘都應該用來思考該怎麼向對方提出適當的提問。」

上述這兩個例子都說明了提問的重要性。

一個好的提問，不僅能讓我們察覺到人生中最重要的事物、激發出對方的潛力，還能讓真正的問題明確清晰地浮出檯面，可說是最強的溝通技巧。

■提出觸動人心的提問

另一方面，比起那種口沫橫飛、口才流利的人，會這樣問的人才能讓對話變得更加熱絡。例如：

「你對什麼事情感興趣呢？」

「你剛剛說的那件事很有趣，我可以再問得更深入一點嗎？」

上司：「這件事就拜託你在明天之前完成了。」

下屬：「啊……好。」

有一種上司聽到下屬這樣回應不會有任何感覺，而另一種上司則會感受到不對勁、進一步詢問：「你是不是有什麼顧慮呢？」懂得這樣詢問的上司，與下屬的關係肯定很好。

現在，一流的顧問、教練、諮商師、公司管理階層、運動團隊教練等，都致力於學習提問的技巧。

因為這些一流人才知道，與其說出打動人心的「言語」，不如琢磨能觸碰到對方心弦的「提問」，才能真正驅使對方行動。

你今天對身旁的人提出了什麼疑問呢？

而你又對自己拋出了什麼提問呢？

有些人會對自己發牢騷：「反正我就是做不到。」

有些人會問自己：「我該怎麼做才能辦到？」

光是一個提問，就能讓將來的風景相差十萬八千里。

越是一流的人才，越擁有最厲害的提問能力。

讓人最快學會一流提問力的方法，全都濃縮在這本書裡。

而唯有在日常生活中逐步實踐，才能學會該如何提問。

本書中全都按照日常生活的場景，一一示範何謂一流的提問力。

並提供三流、二流、一流的具體範例，讓大家能好好消化、吸收，學習一流的提問力。

相信大家從明天起就會想要好好提問。

請大家務必要從自己感興趣的項目開始閱讀。

希望這本書能成為改善你人生的終極聖經。

現在就開始學習提問的技巧吧！

Motivation & Communication股份公司　董事長　桐生稔

——一流的人能看透事物的本質——

目次

前言 7

CHAPTER 1 該如何開始提問？

提問的時機
三流的人只會被問問題，
二流的人會在談話開始幾分鐘後開始提問，
一流的人會在什麼時機提問呢？ 26

初次見面的對話
三流的人連話都說不清楚，
二流的人只問自己想知道的事，
一流的人會怎麼問呢？ 30

掌握彼此之間的距離感
三流的人會詢問私人問題，
二流的人會詢問無傷大雅的問題，
一流的人是如何掌握距離感的呢？ 34

在開始提問之前
三流的人會突然開始滔滔不絕，
二流的人會詳細說明提問內容，
一流的人一開始會先表明什麼？ 38

有兩個以上的提問
三流的人問得拖泥帶水，
二流的人先表明「有好幾件事要問」，
一流的人一開始會先說什麼？ 42

尋求指示時
三流的人會問：「我該怎麼做？」，
二流的人詢問時會加入自己的意見，
一流的人會如何尋求指示呢？ 48

CHAPTER

2

炒熱氣氛的提問方式

難以回答的提問

三流的人會直接提問，
二流的人會詳細解釋後再問，
一流的人會怎麼問呢？

52

尋求對方的意見

三流的人沒辦法尋求意見，
二流的人會問「你有什麼想法嗎？」，
一流的人會怎麼問呢？

56

令人開心的提問

三流的人會問對方不想講的事，
二流的人會問對方想講的事，
一流的人會怎麼問呢？

62

當對方提及辛酸往事時
三流的人只會回：「哦～」，
二流的人會詳細詢問內容，
一流的人會怎麼問呢？ 66

激發出對方的能力
三流的人會誤以為對方沒有能力，
二流的人會詢問對方擅長的領域，
一流的人會怎麼問呢？ 70

讓人很想回答的提問
三流的人無法得到回覆，
二流的人會問人人都能回答的問題，
一流的人會怎麼問呢？ 74

營造出容易聊天的氛圍
三流的人只會說自己的事，
二流的人只會問對方的事，
一流的人會怎麼問呢？ 78

CHAPTER 3

讓對方產生好感的提問方式

帶來笑容的提問
三流的人會問奇怪的問題讓整個場合僵掉，
二流的人會提出勉強搞笑的提問，
一流的人會以什麼樣的提問製造歡笑呢？
82

當對話中斷時
三流的人會開始滑手機，
二流的人會勉強思考提問，
一流的人會怎麼問呢？
86

當對方陷入沉思時
三流的人會尷尬得手足無措，
二流的人會換個提問改變話題，
一流的人會採取什麼樣的態度呢？
90

讚美對方
三流的人不會讚美對方，
二流的人只會在提問中讚美外表，
一流的人會在提問中讚美什麼呢？
96

令人開心的商量
三流的人沒辦法跟別人商量事情，
二流的人會問：「您覺得○○怎麼樣？」，
一流的人會怎麼問呢？
100

讓人容易想像的提問
三流的人連提問內容都說不清楚，
二流的人能問得詳盡周到，
一流的人會怎麼問呢？
104

加深彼此的關係
三流的人會與對方保持距離，
二流的人會以「你做了什麼？」拉近距離，
一流的人會用什麼提問加深彼此的關係呢？
108

希望得知對方的意見
三流的人無法傾聽別人的意見，
二流的人會問：「關於○○您認為如何？」，
一流的人會怎麼問呢？
112

CHAPTER

4

讓人不假思索就回答的提問方式

不明白對方回答的意思

三流的人會說：「我不太明白你在說什麼」，
二流的人會問：「也就是這個意思嗎？」，
一流的人會怎麼問呢？ 116

絕不可以提出的問題

三流的人會否定對方，
二流的人會咄咄逼人，
一流的人會怎麼問呢？ 120

讓對方想起重要的事

三流的人對對方重要的事不感興趣，
二流的人會盲目地提問，
一流的人會問對方什麼？ 124

關於敏感問題

三流的人沒有勇氣提問，
二流的人會大刺刺地直接問，
一流的人會怎麼問呢？ 130

請對方做出決策
三流的人沒辦法使對方做出決策，
二流的人會問「要怎麼做？」，
一流的人會怎麼使對方做出決策呢？
134

回答起來很麻煩的提問
三流的人會害怕得不敢問，
二流的人提問後會收到臭臉，
一流的人會怎麼問呢？
138

讓對方付諸行動
三流的人只會命令對方「快去行動」，
二流的人會建議對方「要行動嗎？」，
一流的人會怎麼讓對方付諸行動呢？
144

排出優先順序
三流的人不在意對方的優先順序，
二流的人會問：「什麼事該優先去做？」，
一流的人會怎麼問呢？
148

CHAPTER

5 獲得工作成果的提問方式

開拓新的想法

三流的人會怪罪別人，
二流的人會問：「你想怎麼做？」，
一流的人會怎麼開拓新的想法？ 152

尋求建議

三流的人無法尋求建議，
二流的人會問：「我該怎麼做才好？」，
一流的人會怎麼問呢？ 156

當對方的發言令自己感到焦躁時

三流的人會隨意發怒，
二流的人會問：「現在是什麼情況？」，
一流的人會怎麼問呢？ 160

簡報的開場

三流的人會立刻開始說明，
二流的人會先說結論，
一流的人會先說什麼？ 166

商談的收尾
三流的人無法與客戶簽下合約，
二流的人會問：「請問可以簽約嗎？」，
一流的人會用什麼提問來收尾呢？
172

有事要拜託對方幫忙時
三流的人沒辦法開口請求幫忙，
二流的人只會問一次對方是否能幫忙，
一流的人會怎麼請對方幫忙呢？
176

將想說的事化成言語
三流的人會說：「請說清楚一點。」，
二流的人會說：「這是指○○的意思嗎？」，
一流的人會怎麼問呢？
180

對方的話語太過冗長
三流的人會打斷對方：「你說太久了。」，
二流的人會問：「所以結論是？」，
一流的人會怎麼問呢？
184

CHAPTER

6 鼓舞人心的提問方式

討論變得錯綜複雜
三流的人會說：「我們的討論沒有焦點呢！」，
二流的人會說：「先來整理剛剛說的內容吧？」，
一流的人會怎麼問呢？
188

無法做出任何決定的會議
三流的人會問：「大家先討論看看吧？」，
二流的人會問：「要決定什麼？」，
一流的人會怎麼問呢？
194

解決對方的煩惱
三流的人會無視對方的煩惱，
二流的人會以自己為出發點來問，
一流的人會以誰為出發點來問呢？
198

當對方失敗時
三流的人會怒斥對方：「你怎麼會做出這種事！」，
二流的人會問對方：「下次有解決對策嗎？」，
一流的人會怎麼問呢？
204

斥責對方時
三流的人會否定對方，
二流的人會否定對方後再提問，
一流的人會怎麼問呢？
208

說不中聽的話時
三流的人不想被討厭所以選擇不說，
二流的人會直接告訴對方，
一流的人會怎麼說呢？
212

令對方產生動力
三流的人會命令對方：「要這麼做」，
二流的人會問對方：「要不要試試這麼做呢？」，
一流的人會怎麼問呢？
216

提醒對方注意重要的事
三流的人會問：「你可以做到什麼事？」，
二流的人會問：「你想做的是什麼？」，
一流的人會怎麼問呢？
220

精神導師
三流的人不會察覺到重要的人，
二流的人會覺得全都是自己的功勞，
一流的人會問自己什麼？
226

壓力
三流的人無視壓力的存在，
二流的人會問：「什麼會成為壓力？」，
一流的人會怎麼問呢？
230

成長
三流的人會問：「我比別人差的地方是？」，
二流的人會問：「我比別人好的地方是？」，
一流的人會怎麼問呢？
236

結語
241

CHAPTER

1 該如何開始提問？

三流的人只會被問問題，
二流的人會在談話開始幾分鐘後開始提問，
一流的人會在什麼時機提問呢？

有一個人是史蒂夫．賈伯斯的恩師，他從零開始栽培谷歌創業者們、拯救了亞馬遜董事長貝佐斯、磨練出YouTube的執行長，這位偉大的傳奇人物究竟是誰？

他就是內行人才知道的傳奇教練——比爾．坎貝爾（Bill Campbell）。聽說他在搭電梯時，一定會對一起搭電梯的人做一件事——

那就是**「提問」**。

他在見到對方的瞬間，就會稱呼對方的姓名並立刻詢問：「你今天感覺怎麼樣？你打算去做些什麼事？」

因為他知道提問能讓人際關係變得更圓滑。

只要向對方提出疑問，對方就會回答你的問題。這麼一來，便能在不知不覺中創造出對話，讓彼此更深入了解對方。

我創立專門推廣溝通技巧的商業學院已經十年了，至今已幫助超過十萬位學員。這十年來，我能肯定地說最擅長溝通的人，**在遇到別人的瞬間就會立刻拋出提問**，而且是在打招呼時就同時提問。

「您好，初次見面。您是在媒體公司工作吧！您是做什麼樣的工作呢？」

「請多多指教。這幾天都很熱呢！您的身體都還好嗎？」

「早安。您總是這麼有活力，請問有什麼祕訣嗎？」

擅長溝通的人就會像這樣在打招呼時，搶先一步問候對方、拋出提問。

為什麼要比對方先提出問題呢？

這是因為**比起「主動搭話」，「被搭話」會更令人開心的緣故**。

畢竟，別人主動向自己搭話，就代表著對方至少對自己有點感興趣。一流人才非常明白這一點，所以才要搶先做出能取悅對方的事。

一流人才一定會將對方放在溝通的焦點上。

因此，現在就學會**「打招呼＋提問」**這套公式吧！然後立刻實踐看看。

比如在職場上就可以對同事說：

「〇〇早安。」＋「昨天你有遲到嗎？」

前往客戶公司拜訪時就可以說：

「請您多多指教。」＋「咦，入口的感覺好像變得不太一樣了？」

與朋友見面時則可以說：

「好久不見。」＋「你最近過得好嗎？」

這麼一來，就能由你掌握對話節奏，對方也能愉快地回話了。

Road to Executive

一流的人會利用「打招呼＋提問」，立刻向對方拋出提問。

✔

藉由提問展開對話。

初次見面的對話

三流的人連話都說不清楚，二流的人只問自己想知道的事，一流的人會怎麼問呢？

什麼樣的場景會讓你感到緊張呢？

根據問卷調查的結果，最令人緊張的場景第一名是「在大家面前發言」，第二名則是「初次見面的對話」。

如果是初次見面的對象，通常對對方了解不多，會讓人忍不住想：「要講些什麼才好呢……」感到緊張說不出話來也是理所當然。

特別是這種時候，**請大家換個想法，試著讓自己從打算「好好說話」改成「好好提問」**。與初次見面的對象見面時，與其滔滔不絕，不如向對方好好提問，才能完美炒熱氣氛。

不過，就算提問再怎麼重要，也不可以像連珠炮般詢問自己想知道的事，例如：「您做什麼工作？」、「您是哪裡人？」、「您的興趣是？」感覺就像是警察在盤問犯人一樣。

「只問自己想知道的事」，這是二流人才的作法。

那麼，一流人才會怎麼做呢？

一流人才會先從「對方容易開口的事」開始提問。

所謂「對方容易開口的事」，指的是彼此半徑一公尺之內、近在身邊的資訊。

舉例來說，當你們一起參加某個聚會時，就可以詢問對方：

「您經常來參加這個聚會嗎？」

「您是第一次來這個會場嗎？」

「您是與朋友一起過來的嗎？」之類的問題。

關於聚會與會場的話題，不僅是彼此眼前的現成資訊，也是初次見面最容易開口交流的主題。

當彼此交換名片後，就可以詢問對方：

「您的公司位於澀谷呀！貴公司已經在澀谷發展很久了嗎？」

「您的名字真好聽，請問您是哪裡人呢？」

建議可從名片上近在眼前的資訊開始詢問，藉此展開對話。

因為近在眼前的資訊，不僅可以讓自己輕鬆提問，對方也能輕鬆回答。

從前我曾受到初次見面的社長邀請，進入對方的辦公室。

當我踏進辦公室的瞬間，就看到辦公室中裝飾了一幅非常華麗的畫作，於是我忍不住開口詢問：「社長，這幅畫真是太美了！請問是國外的畫作嗎？」

結果，那位社長花了超過十分鐘的時間仔細說明那幅畫作，才剛見面我們就聊得非常熱絡。雖然我那天幾乎沒有在跑客戶，最後卻簽下了一筆大合約。

一開始要先從對方容易開口的話題開始提問，最好的話題就是關於**近在眼前的資訊**。然後再**慢慢拓展話題，使雙方的對話內容更加豐富。**

只要仔細觀察眼前的資訊，一定可以發現非常多值得詢問的話題。

Road to Executive

一流的人
會從對方容易開口的話題
開始提問。

先從半徑一公尺之內的資訊，
開始建構提問內容。

掌握彼此之間的距離感

三流的人會詢問私人問題，二流的人會詢問無傷大雅的問題，一流的人是如何掌握距離感的呢？

在拳擊運動中，一開始會先出刺拳。這是為了試探自己與對方之間的距離感。一旦沒掌握好距離感，就無法進入對方的攻擊距離。

雖然人與人之間的對話並不是拳擊，不過在對話時掌握距離感，這一點與拳擊一樣重要。

若是沒能掌握好距離感，突然詢問對方的私人問題，一定會使氣氛變得很僵；而若是只問些無傷大雅的問題，則完全無法讓彼此親近起來。

掌握好與對方的距離感，才是一流人才提出詢問的方式。

舉例來說，如果初次見面的人突然問：「您好，初次見面。請問您小時候是怎麼樣的小孩呢？」你一定會感到很疑惑：「咦？怎麼會突然問這個？」

不過，如果先用「初次見面」向對方打招呼後，再從工作或興趣等比較無傷大雅的話題切入，慢慢聊起出生地或家人相關的內容後，再問起：「您小時候是怎麼樣的小孩呢？」這麼一來，就算是初次見面的人也會樂於回答。

這是因為對方已經感受到彼此的距離逐漸拉近，可以放心回答的緣故。

一流人才會靈活地區分「無傷大雅的外野提問」與「進入對方內心的內野提問」，測試與對方的距離感。

假使對方似乎在孩童時期沒有什麼愉快的回憶，或表現出不想回答關於孩童時代提問的態度時，就要回到「話說回來，您最近工作忙嗎？」這類無傷大雅的提問，稍微閒聊緩和氣氛之後，再重新提出比較私人的問題。

換句話說，在談話中會不斷重複外野、內野、外野、內野提問，也就是感覺對方可以接受這個話題，才可以繼續深入詢問下去，而感覺對方難以啟齒時，就轉回無傷大雅的話題，如同出拳後立即撤退的戰術，一邊測量彼此的距離感，一邊進行對話。

若是無法掌握彼此的距離感，就很容易貿然提出奇怪的問題惹對方不悅，或是只能重複無傷大雅的問題，完全無法縮短彼此的距離。

說到這裡，或許你會冒出一個疑問。

「話是這麼說沒錯，但到底該如何推測彼此的距離感呢？」

如果能用數值來表現彼此之間的距離遠近，就再簡單不過了，但可惜並沒有這種數值。

我直截了當地告訴大家，這只能憑感覺。以結論而言，這是一種嗅覺。

要做到立刻大幅加強嗅覺並不是一件簡單的事，但嗅覺較弱的人卻有明顯的特徵。

那就是對話時沒有觀察對方。由於沒有觀察對方，就很容易錯過對方的反應。這麼一來，當然沒辦法掌握彼此的距離感。

在談話時，對方會出現各式各樣的反應，例如表情變得開朗，或是突然暗淡下來；音調拉高，或是變得低沉，說話的速度也是一樣，對方的神情一定會有所變化。

想要創造出一段能讓對方開心的對話，首先一定要從好好觀察對方開始做起。

一流人才絕對不會疏忽這方面的鍛鍊。

Road to Executive

一流的人會透過外野與內野提問，掌握距離感。

不要疏忽對方對提問產生的反應。

在開始提問之前

三流的人會突然開始滔滔不絕，二流的人會詳細說明提問內容，一流的人一開始會先表明什麼？

「關於上次會議討論的內容，我目前正在與A公司及B公司洽談中……雖然A公司會稍微超過預算，但他們承諾會無償提供協助，B公司雖然不會提供協助，但隨時都可以解約……」

聽了這段話，是不是會覺得：「這個人到底想表達什麼……」你是否也曾有過這樣的經驗呢？

在工作中提出詢問時，三流的人會滔滔不絕說出一大串內容。這是因為他們不知道對方想聽的究竟是什麼。

雖然一開始可以針對詢問的內容進行詳細說明，不過，說明一旦過於冗長，就很容易讓人產生：「這個人到底想說什麼？」的感覺。

當自己受到詢問時，一定要先掌握一件事。

那就是**提問的「種類」**。

請大家稍微想像一下這個場景。

這裡是一間老牌的甜點公司，你正在試吃接下來預計推出的新產品。

這個時候若是有人對你說出這些話：

①「請您先試吃看看。」

②「請您試吃完後告訴我們一句感想。」

③「請您提出一個味道完全不同的新點子。」

根據試吃前聽到的要求，在試吃時的立場就會變得完全不同，不是嗎？

提問也是一樣。

一開始，要是對方跟你說：「請問關於〇〇的事，可以與你**分享**內容嗎？」你應該會抱著「反正暫且聽聽看」的心態來聆聽吧！

若對方跟你說：「我要向您**報告**進度。」你應該就會在聆聽時確認內容是否哪裡有問題。

而對方要是說：「請問我可以跟您**商量**看看嗎？」你應該就會一邊想著對方商量的內容，一邊思考「該怎麼回答才好」吧！

若對方說的是：「請問您可以給我**建議**嗎？」你應該就會開始思考該如何給出明確的建議。

最後，對方若是說：「可以請您做**最終決策**嗎？」你一定會非常認真地聆聽吧！畢竟做決定不只會牽涉到資金調度，大多也都會衍生出責任歸屬的問題。

換句話說，隨著提問的種類不同，聆聽的態度也會隨之改變。所以，接受提問的人一定要先掌握問題的種類才行。

先表明提問的種類，也算是透露了接下來談話內容的走向。

千萬不要在一開始就先滔滔不絕、仔細說明要提問的內容，而是要先向對方**闡明提問的種類**，說清楚接下來要說的究竟是**「分享」**、**「報告」**、**「商量」**、**「建議」**，**還是「決策」**等。

因為唯有先得知提問的種類，對方才能做好回答的準備。

在提問時懂得先提示對方該採取何種態度聆聽的人，才是一流人才。

因為優秀的人總是會站在對方的立場，為對方著想。

Road to Executive

一流的人
會在一開始先表明
提問的種類。

先讓對方做好準備，再開始提問。

三流的人問得拖泥帶水，二流的人先表明「有好幾件事要問」，一流的人一開始會先說什麼？

若想同時提問好幾件事，一流人才會在**一開始就先表明問題的數量**，比如：「我想請教三件事。」

或許很多人會覺得：「這不是理所當然的嗎？」

舉例來說，要是有人突然問你：「我想請教有關Excel公式的問題，我這邊的公式已經跑掉了，完全改不回來，可能是因為資料太龐大就整個當掉，而且不知道為什麼一按複製，儲存格就會變得亂七八糟……」一下子面對這許多問題，相信很多人都會搞不清楚到底該從何開始回答起才好吧！

當你有超過兩個以上的提問時，一定要先告訴對方提問的數量。這在商務場合中算是基本的禮貌。

只不過知易行難，要徹底做到這件事其實出乎意料地並不容易。因為在商務場合中常會遇到「突然非趕快問到不可」、「不早點問清楚就很容易忘記該問的內容」等情形，其實並沒有時間一一整理提問的數量。

就連專業記者也常會在訪問職業棒球教練時，採用下列的提問方式：

「難道不能選擇讓代打選手上場嗎？您當時完全沒有疑慮嗎？」

「請告訴大家您平常是怎麼鼓勵球員的？還有，當球員狀況不好時，您會怎麼勉勵他呢？」

「教練不會感到緊張嗎？請問您是怎麼控制自己心情的呢？」

如果像上述這樣在一開始沒有先表明「總共有〇個提問」，就開始提出許多問題，對方就無法掌握提問到底會持續到什麼時候，當然也就無從準備答案。

不僅如此，即使是在總理大臣召開的記者會上，記者們也常會像這樣提問：

「請告訴大家您對於教育費用的施政方針，同時也要請您回答經費來源。接下來關於限制用途的教育債券……」

「想請教您對於各國回應的看法，面對各國的回應您還有什麼希望補充說明的部分嗎？此外，還有一點……」

同樣的場景也會發生在職場中的對話。

需要詢問兩個以上的問題時，其實很少人能徹底做到在一開始就先說清楚提問的數量，表明「我想請教兩件事」、「我想請教三件事」等等。

正因為如此，才需要特別花心思訓練。用訓練這個詞聽起來似乎難度很高，不過事實上只要先決定好在提問時的幾個規則就好。

規則1：一個提問、一個回答

千萬不要連珠炮般提問：「關於○○與○○，還有○○」一口氣問個沒完沒了。

謹記一個提問、一個回答的規則，等到對方回答了一個提問後，再拋出下一個提問。

就算你心裡有許多事情想詢問，也要按捺下來，請對方一個一個回答。這麼一來對方也不會感到無所適從。

規則2：提問不要超過三個

即便如此，還是會有需要將好幾個問題合併在一起，一次問出口的時刻。遇到這種時候，請先決定好要問哪三個問題。

常聽說「三的法則」，例如「世界三大〇〇」、「日本三大〇〇」等，因為三這個數字很好記。

以人類的腦容量而言，據說三個以內的事物也比較容易保留於記憶之中，若是超過三個就會變得非常難記住。

先將提問濃縮在三個以內，就能讓對方的大腦更容易記住問題。

規則3：先數數看自己的提問數量

規則1是「一個提問、一個回答」，而想要合併詢問時則要遵守規則2「提問不要超過三個」。

既然如此，當自己有兩個以上的提問時，就會自動變成「兩個或三個問題」。

當你覺得「好像有好幾個問題想問……」時，不妨先自己數數看「究竟是兩個問題？還是三個問題？」數完了再正式問出口。

只要貫徹這三項規則，就能讓對方省下不少整理你提問內容的時間。

在提問時，一定要隨時留意該怎麼做才能使對方回答起來更輕鬆。

設計出以對方為主的溝通內容，才是一流人才的思考邏輯。

Road to Executive

一流的人
會在提出好幾個問題前，
先表明提問的數量。

**有兩個以上的提問時，
要先決定好規則。**

三流的人會問：「我該怎麼做？」，二流的人詢問時會加入自己的意見，一流的人會如何尋求指示呢？

當你詢問別人：「我該怎麼做？」時，別人卻回答：「你覺得你該怎麼做？」、「你沒有自己的想法嗎？」相信大家都有這樣的經驗吧！

在毫無防備的情況下，當別人像這樣詢問自己時，就必須從零開始思考答案，因此站在回答者的立場而言，這是很難回答的問題。

因此，我在商務研習課程中常會指導學員：「在尋求指示時應同時附上自己的想法」。

與其詢問：「○○商事好像對我們公司提出了抱怨，該怎麼辦才好呢？」不如改說：「○○商事好像對我們公司提出了抱怨，我想先向公司的負責窗口了解一下狀況，您覺得這樣可以嗎？」在提問時附上自己的想法，這麼一來對方也會比較容易做出回應。

雖然能這樣提問已經算是不錯了，但一流人才會有更好的作法。那就是在尋求指示時，提出兩個以上的方案給對方參考。

假設有人問你：「午餐要吃咖哩嗎？還是要吃別的？」你可能會先回：「嗯……？」因為這樣的提問會讓人在那當下思考「還有什麼選擇？」

不過，如果對方說的是：「午餐要吃咖哩嗎？還是吃炒飯？」就可以很快做出決定了。因為只要在兩者之中做選擇就好，回答起來當然輕鬆多了。

同樣的道理，在尋求指示時，也可以利用這樣的方式提問：「現在有A與B兩個方案，我個人比較想要以A的方式進行，您覺得怎麼樣呢？」在提問時準備兩個方案，會是比較好的提問方式。

套用在先前那個例子：

「〇〇商事好像對我們公司提出了抱怨。

A：先向我們公司的負責窗口了解狀況。

B：我立刻聯絡〇〇商事。

這次我認為要趕緊聯絡對方會比較好，您覺得呢？」

在提問時要像這樣提出兩個解決方案，讓對方能**比較兩者的優缺點**。

聽到這樣的提問時，對方就可以回答：

「上次的確也是我們公司的負責窗口把事情搞砸了，這次就由你去聯絡吧！」

「不，還是要先掌握情況才對。先聽聽看我們公司的負責窗口怎麼說。」

無論如何，都會變得比較容易做出結論。

而且，正因為有兩個方案擺在眼前，對方也能更容易提出第三個方案：「這次就由我親自出馬吧！」

「我該怎麼做？」三流的人會這麼問。

「我想怎麼做？」二流的人會這麼表達。

「有哪些解決方案？」一流的人會這樣統整歸納。

將提問升級為讓對方容易回答的問題。光是提出幾個解決方案，就能讓提問的品質大幅提升。

Road to Executive

一流的人
在提問時會準備
好幾個解決方案。

尋求指示時，
要營造出讓對方容易做出決定的狀態。

三流的人會直接提問，二流的人會詳細解釋後再問，一流的人會怎麼問呢？

「不好意思，請問您對脫碳有什麼想法嗎？」

如果對方是該領域的專家當然另當別論，但一般人被問到自己並不瞭解的事物時，都會感到非常棘手。因為不知道該怎麼回答才好。

而且，讓對方說出：「我不知道。」也可能會傷害到對方，絕對不是什麼明智之舉。

那麼，如果你問：「所謂的脫碳，指的是將造成地球暖化的溫室氣體——二氧化碳排放量降到零（諸如此類……），您覺得如何呢？」在提問之前先向對方詳細說明，會不會比較好呢？

這樣詢問當然比一開始的直接提問，能讓對方更容易回答，但如果對方心中並沒有明確的答案，即使詳細說明了還是很難回答。

雖然在日常生活中應該不會有人突然問起關於脫碳的問題，但在職場中其實也會出現類似的例子。

「你有沒有什麼全新的點子？」

「該怎麼做才能增加客戶？」

「你覺得要怎麼做才能提升團隊的凝聚力？」

面臨這種突如其來的籠統提問，當然也只能回答一些無關痛癢的客套話。但要是對方斥責自己：「你只會說出這種意見嗎？動動大腦好好想想吧！」想必誰也無法忍受吧！

因此，難以回答的問題必須換種問法，改成令對方容易回答的方式提問。這就是提問時一定要遵守的原則。

該怎麼提出難以回答的問題呢？具體方法就是在提問中加入**修飾句**。

例如：**「好像」**、**「假設」**、**「感覺上」**、**「稍微」**、**「如果」**等，只要刻意在提問中加入這些有點籠統的詞彙就好。

「希望你能在下次會議提出嶄新的想法，有沒有想到什麼好像不錯的點子呢？」

「假設要提高業績，你能想像出什麼方法嗎？」

「我想做點什麼來提升團隊的凝聚力，你感覺上有什麼可行的方法嗎？」

「最近組裡的氣氛怎麼樣？你有稍微感覺到什麼嗎？」

「如果你有察覺到也沒關係，平常有動不動就想放棄的習慣嗎？」

這樣的問法不會給人「一定要明確回覆」的壓力，因此被詢問的人也能比較容易做出回應。

「如果你有察覺到也沒關係……」這樣的問法沒有強迫對方非回答不可，對方的心情會變得比較輕鬆。而唯有心情放鬆才能坦率地回答問題。

在提出令人難以回答的問題時，記得要使用修飾句，製造出一個讓對方就算答非所問、答不出來也沒關係的退路，這麼一來便能讓對方回答的難度大幅下降。

這麼做能讓對方感到放心，也能提高收到回覆的機率。

儘管只是小小的修飾句，卻能在細節加強言語的力量，可說是一流的助力。

Road to Executive

一流的人
會在提問時使用修飾句。

✔

降低回答的難度。

尋求對方的意見

三流的人沒辦法尋求意見，二流的人會問「你有什麼想法嗎？」，一流的人會怎麼問呢？

在尋求別人的意見時，一定要下點功夫調整提問的方式。

「關於〇〇，你有什麼想法嗎？」

「你覺得〇〇先生的發表怎麼樣？」

「你覺得〇〇的視察怎麼樣？」

上述這種「有沒有什麼想法」、「覺得怎麼樣」屬於**抽象的提問**。

由於抽象的提問並沒有侷限提問的內容，可以讓人自由回應，這算是抽象提問的優點。

反之，這樣的提問方式也可能會讓人難以理解究竟該回答什麼才好，這也是抽象提問的缺點。

如果是這樣問：「關於〇〇這件事，你是贊成還是反對呢？」

這就是**具體的提問**。

「〇〇先生的發表中，最後一段感覺包含了很深入的想法，你覺得呢？」像這樣就是具體的提問。

具體的提問能讓對方明確了解自己問的究竟是什麼，因此回答起來會比較容易。不過，具體提問的缺點是沒辦法讓彼此激盪出熱烈的討論。

抽象的提問與具體的提問可說是各有利弊。

那麼，一流人才會怎麼尋求對方的意見呢？

一流人才懂得**輪流使用抽象與具體的提問**。

主持人：「請問各位有沒有什麼想法呢？」（抽象的提問）

與會者：「……」

主持人：「突然要各位表達想法或許比較困難，還是各位有沒有想要進一步了解詳情的部分呢？」（具體的提問）

與會者：「這可能不算是問題，不過我想知道……」

像這樣提出具體的提問，就能讓與會者比較願意發言。

一流的主持人會觀察整個會場的氛圍，輪流使用抽象與具體的提問。

抽象與具體的提問並沒有優劣之分，在不同的情況下都能派上用場。

區分使用抽象與具體的提問，乍聽之下似乎難度很高，但其實在我們的日常生活中經常會自然而然地區分使用。

例如當你聽到別人說：「我上個月去旅行了。」你就會提出抽象的提問：「旅行好玩嗎？」偶爾也會直接提出具體的提問：「佐藤，你最近已經連續三次遲到了，有什麼原因嗎？」

我們平常在不知不覺中，其實都會依照情況來區分使用這兩種提問方式。

至於什麼情況該使用抽象的提問、什麼情況該使用具體的提問呢？無論如何都先試著任選一種問問看吧！接著只要觀察對方的反應，就能看出接下來該提出哪一種提問了。

Road to Executive

一流的人
會輪流使用
抽象與具體的提問。

**配合當下情況，
改變提問的抽象程度。**

CHAPTER

炒熱氣氛的提問方式

三流的人會問對方不想講的事，二流的人會問對方想講的事，一流的人會怎麼問呢？

所謂會令人開心的提問，與其詢問對方不想講的事，當然是詢問對方想講的事才會令人開心。

萬一問了：「你最近變胖了嗎？」接下來肯定沒戲唱了，一旦將這句話說出口，接下來無論聊到什麼都不可能炒熱氣氛。

反之，如果是很在意健康的人，就可以詢問：「你最近有在留意什麼健康祕訣嗎？」、「你最近有在做什麼運動嗎？」、「你平常都吃些什麼呢？」針對對方關心的話題來提問，就能讓對話變得越來越熱絡。

「提問對方想聊的話題」，就是溝通時最基本的原則。

不過，在這裡我想要探討得更深入一點，那就是**「什麼樣的提問會讓人越聊越**

開心？」

「只要被稱讚就會很開心。」這可說是人類的基本心理。

自己被稱讚時本來就會覺得很開心，但更重要的是感覺到「別人關心自己」，就會令人備感喜悅。

所以，不妨建立起以稱讚為主的提問。

換句話說，會讓人越聊越開心的提問，就是**「融入稱讚」的提問**。

所以，如果是很在意健康的人，就不要問對方：「你最近有在留意什麼健康祕訣嗎？」而是要問：「你是怎麼維持這樣的體型呢？」

如果是一個月會閱讀十本書的人，不要問對方：「你都讀些什麼樣的書呢？」而是可以試著詢問對方：「為什麼你對這方面會這麼了解呢？」

如果是平常工作總是速戰速決的人，與其詢問對方：「您有什麼祕訣嗎？」不如換個方式詢問：「您的頭腦怎麼會動得這麼快呢？」

後者的詢問方式都融入了「稱讚」，只要懂得這樣詢問，相信對方一定會不由自主地泛起笑意喔。

雖然要準確掌握對方的優點並融入提問，並不是那麼簡單的事，不過還是有重點可以掌握。

那就是「原因」比「內容」更重要。與其探究對方對什麼樣的「內容」感興趣，不如詢問對方對那些內容感興趣的「原因」。

我們稱之為「動機」。

具體而言可以這樣問：

「為什麼你對於這方面會這麼了解呢？」

「為什麼你可以這麼努力呢？」

「為什麼你可以變成這樣呢？」

動機是一個人開始從事一件事的契機。在剛開始從事一件事時，總是最有熱情的時候。只要提出了能重新燃起熱情的提問，對方就一定會開開心心地回答。

一流人才在提問時就是會如此替對方著想，彼此之間的對話當然會非常熱絡。

Road to Executive

一流的人
會在提問中融入「稱讚」。

✔

在提問時，
與其探究「內容」，更要重視「原因」。

當對方提及辛酸往事時

三流的人只會回：「哦～」，二流的人會詳細詢問內容，一流的人會怎麼問呢？

每個人都曾有受苦受難、辛酸不已的經驗。

有些人可能經歷公司破產，有些人可能曾被重要的人背叛，有些人可能在念書時備受考試折磨。辛酸苦難並沒有大小之分。

苦難的日文是「大変」，正是巨大變化之意。要克服巨大的變化，必然需要強大的力量。

只要理解這一點，就能得知在聆聽別人的辛酸往事時該回應的重點。

重點並非詳細詢問受苦受難的內容，而是**站在對方的立場一起感同身受當時的痛苦**。

舉例來說，當對方提及：「我的公司去年破產了。」

如果你只會追問：「發生什麼事了？」、「怎麼會這樣呢？」、「您是怎麼克服這一切的呢？」感覺就好像是在審問犯人一樣。

重點是要在提出疑問之前，先加上一句表示你對那段痛苦往事感同身受的勸慰。例如：

「這樣啊，您當時一定非常辛苦。究竟是發生什麼事了？」

「竟然破產了……真是辛苦您了。怎麼會發生這種事呢？」

「這肯定是一段非常艱辛的經歷，請問您是怎麼克服的呢？」

就算是同一個問題，也只要在前方加上一句感同身受的勸慰，就不會給人審問的感覺。因為與對方感同身受，便能拉近彼此心靈的距離。

我再舉一個簡單的例子。

要是你看到朋友拄著拐杖走路，你會用下列哪一個方式詢問對方呢？

A：「你怎麼了？」

B：「天啊！看起來好痛！你還好嗎？你怎麼了？」

像B這樣多加了一句替對方感同身受的話語，就能讓普通的詢問多了幾分體貼。

平時會將提問問得像是審問犯人一樣的人，通常都是先說出自己想問的問題，而且也不會對對方說的話給出足夠的回應。

千萬不要連珠炮般一個勁兒詢問「什麼時候」、「在哪裡」、「做了什麼」。而是要先說一句替對方感同身受的話，再加上提問，例如：

「您去旅行了呀！真好～現在正是適合旅行的季節呢！您去了哪裡呢？」

「您去沖繩了呀！溫暖的氣候感覺很舒適呢！您去沖繩玩了些什麼呢？」

「您去潛水！感覺超好玩耶！您以前也有潛水過嗎？」

光是加上一句體貼對方的話，就可以瞬間縮短彼此之間的距離。

一流人才很擅長縮短與別人之間的距離。專家級的人際經營技巧，就是從這小小一句話開始做起。

Road to Executive

一流的人
會先感同身受後再提問。

先用一句體貼對方的話語，
拉近彼此心靈的距離。

激發出對方的能力

三流的人會誤以為對方沒有能力，二流的人會詢問對方擅長的領域，一流的人會怎麼問呢？

如果有人突然問：「你擅長的事是什麼？」你會怎麼回答呢？

我想幾乎沒有人會立刻自信滿滿地回答：「我擅長的事是這個！」

一般而言，大部分的人會認為「自己應該有一些算是比較會做的事……但要說擅長好像又不至於吧……」

不過，就我接觸過這麼多學員的經驗中，我確定「每個人都擁有某種非常出色的能力」。

大家只是尚未察覺到自己的能力而已。

而一個好的提問，就能讓人察覺到自己的能力。

儘管當別人突然詢問自己擅長哪些事時，可能沒辦法立刻回答出來，但只要有一個具體的例子，就能讓人一下子變得很容易回答。

請大家稍微加入自己的想像，再向對方拋出這樣的提問：

「〇〇先生您該不會是那種只要專注在某件事上，就可以發揮爆發力的人吧！」

「〇〇小姐您一定很擅長正確掌握事物的本質吧！」

也就是說，將你認為對方擅長的事當作選項之一端上檯面。

只要這樣問，對方就一定會回答：「沒有啦，我沒這麼厲害。」或者是「比起一次做許多件事，我的確比較擅長一次專心做一件事。」

又或者對方也可能會回答：「不，與其一次專心做一件事，我更擅長一次做許多件事。」這也無妨。

加入想像再提問的目的並不是要猜出正確答案，而是為了拓展對方的思考方向。

A：「後輩們經常來找前輩您商量事情呢，您一定非常善於聆聽吧？」

B：「是這樣嗎？嗯，我的確很喜歡聽別人說話。」

像這樣平凡無奇的對話，就能讓對方察覺到自己的能力。善於聆聽別人說話本來就是一項非常出色的能力。

這種提問句的關鍵字就是**「該不會……」，只要加入這一句，就能建構出加入想像的提問**。

只要平時有觀察出線索，這樣的提問就能成為讓人開始思考的契機。若能察覺到自己的能力，就可以有所進步成長。

每個人都潛藏著無限的能力。

從提問中就可以發現對方的能力。

Road to Executive

一流的人
會加入想像再提問。

**運用「該不會……」的問句，
拓展思考方向。**

三流的人無法得到回覆，二流的人會問人人都能回答的問題，一流的人會怎麼問呢？

「杜鵑不啼，則殺之。」這是織田信長的作法。

「杜鵑不啼，則誘之啼。」這是豐臣秀吉的作法。

「杜鵑不啼，則待之啼。」這是德川家康的作法。

如果是你，若「杜鵑不啼」，你會怎麼做呢？

這是一個很有趣的問題，當我詢問講座中的學員時，有人回答：「杜鵑不啼，我來啼。」也有人回答：「杜鵑不啼，先問問牠怎麼了？」得到了各式各樣富有創意的答案。

那麼，現在來看看「如果是你會怎麼做」這個提問吧！這個提問中使用了**「指名的技巧」**，也就是限定回答者的意思。

換句話說，我並不是對不特定的多數人做提問，而是對「你」提出問題。

這在行銷上也是經常運用的手法，與其將郵件傳送給不特定的多數人，在郵件的一開始就開門見山地指名「這是專為○○設計的提案」，閱讀率會壓倒性地高出許多。

剛剛我詢問大家：「杜鵑不啼，如果是你會怎麼做？」你是否也稍微思考了一下呢？或許有人靈光乍現，一下子就想到了該怎麼做。

沒錯，只要像這樣指名提問「如果是你會怎麼做？」就會自然而然驅使對方思考。因為這是與自己切身相關的事。

在面對一大群人時，如果你說的是：「大家早安。」或許沒有人會回應你，不過，如果你說的是：「桐生先生，早安。」我就不可能會忽視你的問好，我一定會有所回應。

所以，**要讓對方想要回答你的問題，重點就在於要將問題設計成「如果是○○會怎麼做？」**的形式。

「○○先生，當你遇到這樣的難關時會怎麼做呢？」

「○○先生有沒有建議的舒壓方式呢？」

類似這樣的提問。

除了提問之外，大家也可以將這個技巧運用在平凡無奇的對話上，或許就能讓無關緊要的話題聊得熱絡無比。

「○○您是那種會在旅行前先做好詳細計畫的人嗎？還是到了當地再跟著感覺走呢？」

「○○您會在前一天就先想好隔天要穿什麼服裝嗎？還是當天依心情決定呢？」

這種能窺見對方個性的提問，實在是很有趣呢！

能讓人明確感受到「這是針對我」的提問，就會使人想要回答。

請大家一定要試試在一開頭就先指名「如果是○○先生……」、「要是○○小姐……」的提問方式！

Road to Executive

一流的人
會指名對方再提問。

「如果是你會怎麼做？」
這樣的提問能讓對話變得更熱絡！

營造出容易聊天的氛圍

三流的人只會說自己的事，二流的人只會問對方的事，一流的人會怎麼問呢？

雖然這是理所當然，不過，只要沒有對方的相關資訊，人們就無法跟對方對話。因為，當我們不知道對方的來歷時，說起話來會覺得很不安。

正因如此，在商務場合中才需要交換名片，一開始就先揭示彼此的資訊。

如果想要營造出容易聊天的氛圍，儘管表情與氣氛都很重要，但最重要的前提還是要**先透露自己的資訊**，這是最基本的概念。

不過，相信有些人還是會遇到「滔滔不絕地拚命講公司與自己的話題，卻仍然無法炒熱氣氛」的窘境。

在對話中暴露出過多個人資訊，會讓人覺得你只在乎自己、只想講自己的事，反而會給對方不太舒服的感受。

面對完全不透露自己資訊的人，沒辦法放心地與對方交談；然而要是透露過多資訊，則會給人不太舒服的感覺。在交談時究竟該給出多少資訊，不免令人陷入兩難。

一流人才會在交談時觀察對方的態度，判斷自己要透露多少資訊。

如果對方感覺上能夠放心自在地談話，就可以積極一點詢問更多對方的事。要是對方似乎不太願意說話，則不妨透露更多關於自己的資訊。讓對方感到放心後，再繼續詢問對方的事。

在談話過程中，要一邊確認對方的心門是否已經敞開，隨時調整對話的內容。

萬一對方本來就是話少的人，你可以先主動亮出一張牌。

例如，先告訴對方「我的公司就在這附近呢！」接下來就可以試著詢問對方：「〇〇先生的公司也在這附近嗎？」

「我是第一次參加這種聚會，〇〇先生參加過幾次呢？」

「我雖然是業務，但實際上我真的很不擅長跑業務……〇〇先生擅長跑業務嗎？」

先揭露自己的資訊再向對方提問↓對方也揭露自己的資訊↓繼續揭露自己的資訊後再提問。藉由這樣的循環，便能營造出雙方容易對話的氛圍。感覺就像是與對方一起攜手登上階梯一樣。

我平時經常與經營者們交談，我發現越是位高權重的人，越會先主動透露自己曾犯過的錯誤、失敗與有勇無謀的行動。

聽了這些經驗談，經營新手們就能放下心來，開始談起自己的失敗經驗與煩惱。營造出讓人能放下心防的氛圍，也是一流人才具備的技巧。

換句話說，必須在觀察對方感受的前提下，慢慢亮出一張又一張的自我揭露牌。以對方為出發點的對話方式，才是真正的溝通。

Road to Executive

一流的人
會先自我揭露後再提問。

一邊感受對方心門的敞開程度，
一邊拓展對話內容。

帶來笑容的提問

三流的人會問奇怪的問題讓整個場合僵掉，二流的人會提出勉強搞笑的提問，一流的人會以什麼樣的提問製造歡笑呢？

「笑聲」絕對是熱絡的對話中不可或缺的要素。

雖然不必像專業搞笑藝人那樣讓人捧腹大笑，不過，若能在談話中讓人不由自主地噗哧一笑，絕對能使整個場合的氣氛變得明朗起來。

提問當然也能營造出笑聲。

如果光是思考「什麼樣的提問能讓人發笑」，感覺起來難度很高。面對這種難題時，講師通常會採用另一種思考模式。

那就是「反向思考」，先想想看「什麼樣的提問會令人笑不出來」？

舉例來說，若是詢問對方：「○○當地發生了重大災害，對這件事您有什麼想法？」聽到這樣的問題，對方肯定會嚴肅地回答吧。

在公司的會議中，若是被問到：「上個月的利潤是多少？」一般人也會很正經地回答。因為若是在這種嚴肅的問題上展露笑容，未免顯得太輕浮了。

既然如此，與之相反的提問就是**「隨意回答也沒關係的提問」**，也就是無足輕重、無關緊要的提問。

以前我曾在講座中問：「大家吃飯糰時喜歡吃鮭魚飯糰還是昆布飯糰呢？」對於這個話題，大家踴躍熱絡的程度遠超乎我的想像。

其實，我之所以會提出這個話題，是參考了以讀心術聲名大噪的DaiGo上傳的YouTube影片「絕對不出錯的話題」。

DaiGo在這支影片中介紹了Daniel Gilbert所做的實驗。

他將受測者分成兩組，給其中一組觀看有趣的影片，給另一組觀看無聊的影片。所謂無聊的影片，就是類似「你喜歡哪一種飯糰內餡？」這樣無關緊要的內容。觀看影片之後，再請各組的受測者隨意發表感想。照常理來判斷，應該是看了有趣影片的那一組會討論得更熱絡才對。

但結果正好相反，反而是觀看無聊影片的那一組，大家討論得更加熱烈。正如

DaiGo所說，像是「『你喜歡哪一種飯糰內餡？』、『煎荷包蛋喜歡沾醬汁還是醬油？』這種無關緊要的話題，大家才更容易隨心所欲發表意見，所以能激起熱烈的討論」。

的確，在我參與的朝日電視台節目《Mad Max TV論破王》中，也曾邀請許多位藝人辯論「掀開蓋子的聲音聽起來究竟是『啪擦』還是『擦啪』？」這種無關緊要的問題。正因為如此，綜藝節目才顯得特別有趣呢！

所以，大家不妨試著在詢問「○○先生經常去國外出差吧？」之類的正經問題時，穿插著問「那你在飛機上會選擇牛肉還是魚肉餐呢？」，雖然對方會有一瞬間懷疑「你問這個要幹嘛（笑）？」，不過應該還是會笑著回答這個問題。

偶爾在對話中穿插一些無關緊要的提問，便能為對話營造出高低起伏。**在對方沒有意料到的時間點加入一個無聊的提問，反而能轉化成笑聲**。只要知道了這個技巧，就很容易運用在對話當中。

Road to Executive

一流的人
會利用無關緊要的提問
製造出笑聲。

**讓人隨心所欲發表意見的提問，
能讓對話更熱絡。**

三流的人會開始滑手機，二流的人會勉強思考提問，一流的人會怎麼問呢？

當彼此對話告一段落，突然籠罩一股沉默。這時候該說的話都說完了，對話戛然而止的這段時間，是不是會令人感到有點害怕呢？

尤其是與不熟的人講話或是第一次約會時，常會出現無法持續對話的場景。即便如此，若在對話中斷時就不假思索地拿出手機，可說是最糟糕的作法。

因為這麼做會令對方覺得「已經無話可說了……」、「跟我說話是不是很無聊……」。就算你並沒有這個意思，也會令對方感到難堪。

一般來說，這種時候通常會繼續追問對方，或是勉強擠出些話題吧！

但是，這麼做只會傳遞出你的焦躁，也會令對方感到不自在，並不是上策。

當彼此的對話戛然而止時，更要沉著冷靜下來，優雅又自然地繼續引領對話前進。

許多人會以消極的態度面對「對話中斷」的時刻。

不過，如果站在樂觀的角度思考，對話中斷就代表著先前你們已經聊過了些什麼，也就是說你們之間已經有了話題。

所以，這種時候並不需要勉強自己開發出新的話題，而是繼續先前的對話就好了。

舉例來說，你們剛剛已經聊過「去鹿兒島的屋久島旅行」。

你們彼此分享「那裡的自然能量非常豐富」、「繩文杉實在太療癒了」之後，有人冒出一句：「要是能再去一趟就好了。」對話到此結束。

此時不需要感到焦慮。

正是在這種時候，更要**沉著冷靜，以優雅、自然的態度繼續回應「這樣啊！」、「就是呀！」、「那裡……」、「那接下來……」，使用「這、那」開頭的接續詞，繼續回應剛才的話題就好**。

「這樣啊！那是非常受歡迎的能量景點吧？」

「就是呀！繩文杉好像很有名吧？」

只要使用這些接續詞，就能重啟對話。

就算是同樣的話題，也可以像這樣重新提及。

「這樣啊！那裡果然會令人感到非常療癒呢！」

無論如何，又可以重新開始對話了。

此外，也可以用這些接續詞重新向對方確認：

「那裡也可以令人放鬆嗎？」

還可以用接續詞繼續拓展話題：

「那接下來怎麼樣了呢？」

「這樣啊！」是用來表示自己**了解**了對方的話語。

「就是啊！」是用來表示自己與對方**深有同感**。

「那裡……」是用來**確認**對方話語的含義。

「那接下來……」則可以**拓展**對方的話題。

這些「這、那」開頭的接續詞，可以讓話題重新聚焦在對方身上，可說是打破沉默的終極殺手鐧。

當對話中斷時，對方也會感到有點尷尬。正因為如此，你更要好好喘口氣，冷靜下來繼續回顧剛才的對話。

如此冷靜沉著的態度，相信一定能給對方帶來更好的印象。

Road to Executive

一流的人
會自然地拓展先前的話題。

利用「這、那」開頭的接續詞提問。

三流的人會尷尬得手足無措，二流的人會換個提問改變話題，一流的人會採取什麼樣的態度呢？

萬一你的提問使對方陷入了沉思，此時，你擁有足夠的勇氣等待對方回覆嗎？如果你能夠等待，就代表你是一位一流的溝通者。只有氣度非凡的人才能做到。一般而言，當對方陷入沉思時很少人能夠沉住氣等待，一般人都會尷尬得手足無措，或是忍不住再多說些什麼。

現在就舉我自己的失敗經驗為例分享給大家。

當時我還在跑業務，常會面臨等待客戶說出「那我們就簽約吧！」的關鍵時刻。

這種時候客戶都會需要考慮一陣子。而我卻沒能耐得住當下的沉默，總忍不住脫口而出：「今天簽約就免收入會費。」、「這個月有打折喔！」要不然就是再次詢問對方：「請問您哪邊有疑慮呢？」等等。

這種時候，客戶都會回覆：「我再考慮看看。」沒能在當下順利簽訂合約。

客戶本來就需要沉默一段時間思考是否要簽下合約，我卻在旁邊一直干擾對方，沒能簽成也是理所當然。

那麼，一流人才在對方陷入沉思時會怎麼做呢？

那就是**「默默等待」對方的回覆**。

因為人類本來就會想要自己做決定、自己思考。絕對不可以剝奪對方這段決定、思考的時間。

話說回來，默默等待又會產生一個問題，那就是「這段時間該怎麼忍耐呢？」

我有下列這兩個方法：

①稍微撇開眼神；

②專注於自己的呼吸上。

因為要是緊盯著對方看，反而會讓對方更難以開口回覆，只要專注於呼吸，便能讓自己不再感到那麼尷尬，時間很快就會流逝了。

雖然剛開始嘗試時或許需要勇氣，不過不要緊。專心思考本來就是做出回覆的必要過程，在這段時間裡，對方也正朝著目標開始前進。

我們所能做的只有默默守候而已。俗話說得好：「沉默是金，雄辯是銀。」學會等待也是成為一流人才的門檻之一。

Road to Executive

一流的人
會默默等待對方回覆。

當對方陷入沉思時，
就稍微撇開眼神，
專注於自己的呼吸上吧！

CHAPTER

讓對方產生好感的提問方式

三流的人不會讚美對方，二流的人只會在提問中讚美外表，一流的人會在提問中讚美什麼呢？

我在前一章曾提及，無論是誰，受到稱讚時一定會很開心。

因為這會讓人覺得對方很了解自己。

不過，有些讚美方式卻不會令人感到喜悅。

那就是隨便讚美一些對方連想都沒想過的事。

藝人高田純次就是以「隨便男」的形象著稱。

「有沒有人說妳長得很像松嶋菜菜子？沒有嗎？那應該不像吧！」

這句話得從高田純次這種形象的藝人口中說出來才有趣，如果在日常生活中有人突然誇獎你「好時髦喔！」、「好漂亮喔！」，不免會讓人覺得這個人「只是隨便說說而已……」、「感覺對每個人都這麼說……」、「是不是有什麼企圖……」。

話說回來，我想到以前在一個聚會上曾見過這樣的情景，男性與會者對女性說：「妳的包包看起來很昂貴呢！」（本意是想讚美對方），但那位女性卻覺得非常反感。因為對方突然提起自己的隨身物品，感覺備受驚嚇的緣故。

有時候自認為的好事不見得能帶來好的結果。

當我們在讚美對方時，通常都會聚焦於外表。因為外表是最容易取得的資訊。

不過，一開始我也有提到，會讓人「覺得對方很了解自己」的關鍵，除了外表之外還有一個很重要的環節。

沒錯，那就是**「內在」**。

舉例來說，當你在與客戶說話時可以試著這麼提問：

「○○部長看起來總是非常時髦呢（外表）！您一定很重視自己給人的印象吧（內在）？」

「您的西裝與領帶顏色非常搭耶（外表），要怎麼樣才能擁有這樣的品味呢

（內在）？」

這就是**藉由外表接觸到對方內在的提問**。

懂得這樣詢問，代表你很關心對方平常有在注意些什麼、看待事物的心態。

相較之下，光是「好時髦喔！」這樣的讚美就顯得淪於表面，碰觸到內在的讚美更能讓人感覺到對方想要了解真正的自己。

此外，像是「好厲害！您這個月又達成目標了呢！」這樣的讚美也只有看到表面的結果而已。

如果可以再加一句：「您怎麼能如此專注在工作呢？」就是更進一步探詢內在的提問了。

最重要的並不是你是否真正了解對方，而是你「想要」了解對方。這樣的態度會令對方感到喜悅。而這份喜悅正可以從提問中醞釀出來。

請大家一定要試著提出能觸碰到內在的詢問，令對方備感喜悅。

Road to Executive

一流的人
會在提問中讚美內在。

感覺到「這個人很了解我」，
便能帶來喜悅。

三流的人沒辦法跟別人商量事情，二流的人會問：「您覺得〇〇怎麼樣？」，一流的人會怎麼問呢？

相信各位都聽過「報告、聯絡、商量」這三大工作重點。在工作時，當然少不了報告與聯絡，萬一沒有適時報告與聯絡，就無法詳細掌握情況，還會給旁人帶來困擾。

不過，各位不覺得商量的重要性有待商榷嗎？先不論有些事情很難跟別人商量，而是有些人根本就很不擅於商量。

另一方面，有些人可以積極地與人商量，獲得源源不絕的建議，再一一付諸行動。而且商量的對象也會和顏悅色地給出回應，這種人絕對稱得上是「擅長商量」的狠角色。

為什麼對方會願意和顏悅色地給出回應呢？

關鍵就在於，與人商量時要提出能讓人和顏悅色回覆的問題。

一流人才非常清楚「別人受到什麼樣的對待時會感到高興」。其中最具代表性的，就是讓對方感到自己**「備受信任」**。

信任的相反是懷疑。如果一個人總是受到懷疑時，會怎麼樣呢？只要稍微晚一點回到公司，就被譏諷：「是不是去哪裡鬼混了？」就算是微不足道的小事，也被怒罵：「你怎麼可以擅自決定！」每次都備受指責，總是被不信任的態度對待。

這樣一定會讓人害怕得活不下去吧！

所謂的信任，是受到別人肯定的意思。換句話說，「信任對方」正是對對方一路走來的經歷給予好評。

在面試時，如果自己過去的經歷受到好評，一定會感到很開心吧！若是對方相信自己過去的經歷而願意錄用自己，更會令人欣喜萬分。

人類受到信任時，就會感到喜悅。

現在回頭來看看商量這件事吧！究竟要怎麼商量才會讓對方感到開心呢？那就是在提問中要讓人感受到「我信任你」這種特別的感覺。

這並不困難。例如：

「我很想請教〇〇您的意見。」

「因為是〇〇您，我才想要提出這個問題。」

「這種事只能跟〇〇您討論了。」

只要先加入這短短一句話，再提出要商量的事就好。

「我相信〇〇部長在一開始構思企劃時一定也遭遇到很大的困難。我很想向您討教這個部分，在您一開始構思企劃時最先採取的步驟是什麼呢？」

「〇〇前輩絕對是這個領域的先鋒，我很想請教您的意見，您對〇〇這件事有什麼想法呢？」

「我認為關於人事管理方面詢問〇〇準沒錯，我可以請教您一個問題嗎？」

若能像這樣提問，對方雖然會覺得有點羞赧，但一定會開心地回覆你的問題。

向對方商量事情，其實從另一個角度來看也是在剝奪對方的時間。正因為如此，才更要抱持著敬意提出對方會想要回答的問題。這才是身為一流人才的禮貌。

只要能傳達出這份態度，對方想必會和顏悅色地給出回應。

Road to Executive

一流的人
會在提問中營造出
特別的氛圍。

在與對方商量時要先表達信任之意，
才能提高對方回答的動力。

讓人容易想像的提問

三流的人連提問內容都說不清楚，二流的人能問得詳盡周到，一流的人會怎麼問呢？

聽不懂對方究竟想問什麼……。

這對被詢問的那一方而言是非常痛苦的經驗。因為這會讓人不得不反問：「究竟是什麼意思呢？」

如果對方能仔細說明提問內容的確很值得感激，但這也代表著必須一直專注傾聽，其實也很容易令人感到疲憊。

所以，最好的提問應該要能讓人輕易帶入想像才對。

只要**在提問中「舉例」**，就能立即發揮效果。

在提問中加入舉例，便能讓人瞬間產生聯想，更容易做出回覆。

以面試為例：

如果突然被問起：「你屬於什麼樣的個性呢？」我想一般人應該很難立即回答吧。

在我們公司的客戶中，有一間企業在面試中提出的問題很有趣，例如：「如果要把自己比喻成家電用品，你會是哪一種家電用品呢？」

面試者可能會回答：

「我應該是沙發，我會溫暖擁抱所有家人。」

「我應該是空調，我會調整溫度讓大家過得舒舒服服。」

「我應該是冰箱，我會說冷笑話讓現場凍僵（笑）。」

從這些回答中就可以看出對方的個性與特質，感覺相當有趣。

以往也曾流行過所謂的動物診斷，也就是「將自己比喻成一種動物」，這就是融入了舉例的提問。

例如獅子具有領袖氣質，狗狗能營造出良好氛圍，孔雀則是藝術家。

以前還流行過色彩分析，請對方「將自己比喻成一種顏色」，紅色代表熱情、藍色代表爽朗、紫色代表神祕，白色則代表純粹。

若想讓對方瞬間領悟提問的內容，與其冗長解釋，不如用舉例的方式提問，更能迅速傳遞提問的內容。

比如在聆聽店家的經營理念時，也可以像這樣詢問：

「舉例來說，您的店鋪是像家庭餐廳那樣準備了豐富的菜色？還是像傳統老店那樣只推出一種精心研發的料理呢？」

像這樣用舉例的方式提問，對方也會更容易清楚回答。

當對方感覺似乎難以回答時，就可以使用「舉例來說」，舉出某個例子來比喻。利用「A＝B」的公式，試著提出類似於提問A的B吧！

這樣的作法會比較體貼作答的人。而體貼正是加強提問技巧的大前提。

若能在提問方式多下點功夫，提出讓對方更容易回答的問題，絕對可以一舉提升你的提問能力。

Road to Executive

一流的人
會用舉例的方式提問。

拋出與提問內容相似的舉例，
會讓人更容易帶入想像。

加深彼此的關係

三流的人會與對方保持距離，二流的人會以「你做了什麼？」拉近距離，一流的人會用什麼提問加深彼此的關係呢？

如果希望加深彼此的關係，最好的時機應該就是彼此心靈相通時吧！

例如當你發現：「咦？〇〇先生也喜歡這套漫畫嗎？」當興趣一致，也就是「喜歡」的心情重疊的這瞬間，最容易加深彼此的關係。

還有例如：「我也是每週準時收看！那部連續劇真的很好哭～」當彼此的情緒起伏一致時也是一樣。

此外，透過同一種體驗一起感受到喜悅心情時、能夠感同身受對方的悲傷時，也都能拉近彼此的距離。因為人類在互相交流感受時最容易拉近距離。

因此，比起詢問「事情」、不如**在提問中觸碰到對方的「感受」**，更能加深彼此的關係。

所謂的詢問事情，指的是詢問「你做了什麼？」之類的提問。

「您週末做了什麼呢？」

「您正在進行什麼企劃呢？」

我並不是說這樣問不好，有時候這些當然也是不可或缺的提問。

不過，一流人才會繼續提出能加深彼此關係的詢問。例如：

A：「我上週末難得去了一趟海邊。」

B：「海邊！好好喔～久久沒去海邊，難得去一趟一定心情很好吧！」

「在做那件事時感覺怎麼樣？」這就是觸碰到感受的提問。

A：「我正在參與五十周年紀念新產品的研發工作。」

B：「哦！那是個超大型企劃耶！怎麼樣？感覺有趣嗎？」

這也是能觸碰到對方感受的提問。

對方或許會回答：「非常有趣！」也可能會回：「其實……」出乎意料地吐露出真實的感受。無論如何，都是互相交流了感受，唯有如此才能縮短彼此的距離。

在運動賽事後的MVP採訪中，也會詢問選手：「今天心情如何？」、「手感怎麼樣？」、「感覺很痛快嗎？」

這也是能讓MVP選手與觀眾的感受合而為一的經典場景。

此外，令人感到喜悅的提問，通常也會聚焦在對方的感受上。

關於感受的提問包羅萬象。

「你不覺得非常激勵人心嗎？」、「感覺是不是非常幸福呢？」

像這樣的提問便散發出積極喜悅的氣息。

「您一定吃了很多苦吧！」

「您非常辛苦吧？」、「您不會覺得很悲傷嗎？」

這種提問則能為對方的辛酸帶來慰藉。

想要加深與對方的關係時，**請在詢問「做了什麼？」之後，再進一步詢問對方「感覺怎麼樣？」**。

這樣的提問就像是用雙手直接觸碰對方的情感，能讓你真正深入了解對方，堪稱是最高品質的溝通。

Road to Executive

一流的人
會問「感覺怎麼樣？」
來縮短彼此的距離。

藉由交流感受，加深彼此的關係。

希望得知對方的意見

三流的人無法傾聽別人的意見，二流的人會問：「關於〇〇您認為如何？」，一流的人會怎麼問呢？

「日經平均指數在泡沫經濟後創下了最高峰。你覺得怎麼樣呢？」

如果有人突然這樣問你，應該會覺得很困擾吧？

你一定會想：「到底是什麼怎麼樣？」

雖然日常生活中應該不太會有人突然問你對日經平均指數的看法。不過，這種籠統的提問卻是隨處可見。

例如：「這次的新企畫進行得還好嗎？」、「現在這支隊伍感覺怎麼樣？」、「這次的車輛變更你覺得怎麼樣？」

因為這些問題內容實在太模糊不清，讓人不知道該怎麼回答才好。

如果只是打招呼的對話，例如：「嗨，你過得好嗎？」倒是還好，但如果是真心想要聆聽對方意見時，就必須好好提出簡單易懂的問題，讓對方容易回答才行。

回到剛才日經平均指數的話題。雖然這個話題本身的難度就比較高，但只要在提問中先加入回答範例，回答起來就會輕鬆許多。

「日經平均指數在泡沫經濟後創下了最高峰。只要股價上漲，公司價值就會提高，便更有餘力採用優秀的人才了，你覺得怎麼樣呢？」

雖然第一句「日經平均指數」與最後一句「你覺得怎麼樣呢？」都與一開始的那個提問一模一樣，但中間加入了一個舉例就變得截然不同。

回答的人只要從「是啊」、「這也不見得」之中二選一作答就好。

我想說的是，「就算是籠統的提問，只要加入一個具體的舉例，就能讓人看出回答的方向」。

在開會的時候不也經常如此嗎？一開始大家都沉默不語，但只要有一個人先打破沉默發言，接下來大家就會接二連三地提出新的想法。

因為**一旦能看到回答的方向，人們就會感到放心，可以開始暢所欲言**。

真心想聽取對方意見時，一定要在提問中加入具體的例子或感想，才能讓對方更容易回答。

「這次的新企畫感覺真的做得很有趣，進行得還好嗎？」

「現在這支隊伍看起來超有活力，你感覺怎麼樣？」

「這次的車輛變更感覺會費很多工夫，你覺得怎麼樣？」

在提問中加入的這一句話，目的並不是要先說出自己的想法、要對方贊同自己，而是先提示出回答的方向給對方參考，讓對方更容易做出回覆。

其實，站在對方的角度來看，要回答提問是有風險的。

對方在回答時會擔心「該回答什麼好呢……」、「萬一我說了什麼奇怪的話會不會惹他生氣……」有時候沒有回答好，甚至還會感到自卑。

這對提出問題的人而言完全不是問題，但對於要回答問題的人而言其實並不容易。**如果真心想知道對方的意見，就要先打造出能讓對方暢所欲言的基石**，這也是一種體貼的心意。

Road to Executive

一流的人
會先舉一個例子
再提問。

先明示出回答的方向，
便能降低答錯的風險。

不明白對方回答的意思

三流的人會說：「我不太明白你在說什麼」，二流的人會問：「也就是這個意思嗎？」，一流的人會怎麼問呢？

對方願意回答自己的提問，當然是一件值得開心的事。

不過，有時候也會面臨有點困惑的情境，那就是當自己聽不太懂對方在說什麼的時候。

前幾天我前往家電賣場購買照明設備。

我問店員：「請問有專門用來拍影片的照明設備嗎？」對方回答：「這邊這個怎麼樣呢？這款是850勒克斯，照起來很亮喔！這款是1200勒克斯，雖然會比較貴，但是照起來更亮。還有啊……」對我做了非常詳盡的說明。

但我卻一直在想「勒克斯到底是什麼？」，完全沒聽懂對方的說明。

儘管對方非常仔細地回覆我的問題，但由於內容實在太專業，讓我無法好好理解，更無法做出決定。

這種時候，從後續的回應中也可以看出一個人的品德。

如果直接回：「我聽不太懂你在說什麼。」很可能會傷了對方的心。這麼做會讓雙方之間的關係產生裂痕，導致後續對話也沒辦法順利進行。

「也就是說，你是這個意思對嗎？」要是像這樣試圖整理對方的回答內容會比較好嗎？

乍看之下似乎是不錯的方法，但事實上這樣的回答還是暗藏危機。

根據二〇一五年MYNAVI針對四百九十位社會人士所做的問卷調查指出：「約有六成的社會人士聽到別人用『也就是說』來重新整理對話會感到煩躁。」這似乎是因為感覺到對方太追根究柢，而且也會顯得一副高高在上的態度。

絕對不可以傷對方的心。

這是一流人才一定會特別留意的一點。因為一流人才知道，傷害對方的人通常都不會放在心上，但是受到傷害的人卻會一直耿耿於懷。

正因為如此，**當你難以理解對方的話時，千萬不要再接著問：「也就是說〇〇的意思對嗎？」而是要問：「就我的理解上應該是〇〇的意思，請問這樣沒錯嗎？」**

「也就是說〇〇的意思對嗎？」背後的意思是我幫忙統整了你的話，給人一副高高在上的態度。

反之，「就我的理解上應該是〇〇的意思，請問這樣沒錯嗎？」則潛藏著我的理解或許不夠全面，請你再多加指點的態度。

前者的問句是把自己放在高位，後者的問句則是**把對方放在高位**。從根本上看來意義截然不同。

把原本的問句「也就是說問題是出在業務部囉？」，改成「就我的理解應該是業務部有問題，請問這樣沒錯嗎？」。

後者的問句就不會傷到對方的心。因為這樣的問句是出自於尊重對方的心態，表現出「我很想正確理解你的意思，請告訴我究竟是否正確無誤」的態度。

當自己難以理解對方的話語時，並不是對方的錯。

就算是在這種情況下，也要記得將對方放在高位。我認為能懂得這樣做的人才算是真正的體貼。

Road to Executive

一流的人
會問自己的理解
是否正確。

即使難以理解對方的話語，
也要將對方放在高位。

絕不可以提出的問題

三流的人會否定對方，二流的人會咄咄逼人，一流的人會怎麼問呢？

溝通時，也可能會不小心惹毛對方。

那就是「讓對方丟〇」。你認為〇會是什麼呢？

通常這種情形我們會說「丟〇」、「沒〇見人」、「〇上無光」。沒錯，答案就是**臉**。

同樣的說法還有「面子」。例如「很有面子」、「保住面子」、「面子掃地」等，人類就是這麼在乎面子。

當我們在看時代劇時，常會看到失了面子的武士砍殺對方的場景，對於武士而言面子就是這麼重要。

在人類「感到羞恥」、「被瞧不起」、「被看輕」時，會變得兇殘得令人難以置信。在現代人們雖然不至於輕易行使暴力，但若是自己讓對方丟臉還是一件非常可怕的事。

說到這裡，相信大多數的人都會表示：「我從來沒有讓別人丟臉過。」

不過，事實真的如此嗎？

「怎麼會連這種事都沒注意到呢？」

「你真的有好好想過這件事嗎？」

對方明明拚了命去做，我們卻常因為一些微不足道的小事讓對方感到面子掛不住。

這種話不僅會讓對方顏面盡失，還會使自尊心受傷。

因為這會讓人覺得「自己被否定了」。

那麼，什麼樣的提問才不會讓對方感到丟臉呢？

雖然差異似乎不大，但不妨改成下列的問法：

「為什麼會花這麼多的時間呢？」

↓「你好像花了蠻多時間，有遇到什麼困難嗎？」

「怎麼會連這種事都沒注意到呢？」

↓「是不是有什麼不明白的地方呢？」

「你真的有好好想過這件事嗎？」

↓「是不是沒有時間可以仔細想清楚呢？」

因為後者的提問對象並不是對方本人。

後者問的是對方是否「遇到困難」、「有不明白的地方」、「思考時間不夠」，換句話說，就是把矛頭指向對方抱有的問題與環境。這麼一來，就不會讓對方感覺失了面子。這種問法並不是從正面否定對方，而是將焦點放在別的地方，讓對方有機會思考原因。

當自己不小心讓對方感到丟臉時，幾乎所有的人都會說：「我不是這個意思。」在不知不覺中攻擊了對方的人格。

這種時候，請將問題的矛頭從「對方本人」轉向「對方抱有的問題與環境」等非關人格的原因。只要能好好提出問題，不僅能讓你與對方的關係更融洽，還能建構出更堅固的情誼。

Road to Executive

一流的人
在提問時不會
讓對方失了面子。

將問題的矛頭轉向人格以外的事物。

讓對方想起重要的事

三流的人對對方重要的事不感興趣，二流的人會盲目地提問，一流的人會問對方什麼？

「你小時候是個怎麼樣的小孩？」
「你讀中學時有什麼特別的回憶嗎？」
「你求學時最受衝擊的是什麼事？」
聽到別人這樣問，應該會讓你回想起一些事吧。

二〇二〇年，有一本標題聳動的暢銷書橫空出世。
那就是《別把你的錢留到死》（*DIE WITH ZERO*, Bill Perkins 著，遠流出版）。
如果直譯成中文，就是「死前財產歸零」的概念。也就是說花完所有財產後再死。
根據調查，美國人在七十歲時會擁有最多資產與儲蓄。在這個財富最寬裕的時刻，卻很難開始嘗試全新的挑戰，例如滑水、看演唱會、環遊世界等等。

所以，「要趁早將財富大膽投資在自己身上」，就是這本書的主張。

這本書上市以來，在網路上掀起熱烈的討論話題，接二連三地再版，就連紐約時報等媒體也都盛讚不已。

這本書告訴我們：「人生最後剩下的是經驗所帶來的回憶。」我對這個想法深有同感。所謂的人生正是經驗的累積。

但如果認為快樂的經驗會帶來好的回憶、辛苦的經驗會帶來討厭的回憶，那可就大錯特錯了。

當我小學一年級的時候，曾與同學打架吃了敗仗。雖然當時我因為被打而嚎啕大哭，但這件事也讓我學習到「原來被別人打會很痛」。這是我很重要的一段回憶。

還有一次我前往音樂祭時，滂沱大雨將我的全身都淋濕了，就連褲子也都濕透。不過，大家還是隨著現場演奏的音樂歡聲雷動、興致高昂。每次回想起當時的情景，不知為何都覺得是一段特別開心的回憶。

在我學生時期曾窮遊過一次越南，當時我吃了一碗價值等同於十圓日幣的拉麵，結果腹瀉不已，還發了兩天的高燒，但對我而言這也是一段無可取代的美好回憶。

對每個人而言，回憶都是最美好的寶物。無論回憶是好是壞，都因為有了這些回憶堆積成現在的自己。

正因為非常重要，希望大家可以積極地多觸碰一些對方的回憶。至於該怎麼觸碰呢？答案就是透過提問。

「你小時候都玩些什麼樣的遊戲呢？」

「你是受到什麼樣的教育長大的呢？」

「你有推薦人生必去的旅遊景點嗎？」

雖然每個人或多或少都會有不想提起的話題，不過，**透過這樣的提問也能讓人回想起一些塵封已久的回憶**。

讓對方想起這些珍貴回憶的人，正是提出這些問題的你。

人生走到最後，剩下的並不是汲汲營營而來的地位、名聲，更不是存款金額，而是從經驗中累積的回憶。可以讓人貼近彼此的回憶，也是提問的力量之一。

Road to Executive

一流的人
會詢問對方的回憶。

透過提問，
能讓人回想起重要的回憶。

CHAPTER

讓人不假思索就回答的提問方式

三流的人沒有勇氣提問，二流的人會大刺刺地直接問，一流的人會怎麼問呢？

接下來，本章要介紹「讓人不假思索就回答」的具體提問方法。

首先是關於敏感的問題。

與客戶交談時，不免會提及企劃預算、競品資訊等比較敏感的內容。

此外，也可能會聊到「貴公司的年營業額」、「負債」等信貸相關的話題。

如果是私下聊天，若是聊到年收入、年齡、家庭組成等，也都屬於極為隱私的內容。

若是打開專門指導溝通的教科書，通常會指出「要提到敏感問題前，一定要先說一句：『不知道方不方便詢問這種事』、『我知道這麼問很失禮』，再開口詢問。」

像這樣在對話中先讓對方做好準備，在心理學中稱為「預設情境」。雖然這麼做絕對不能說錯，不過卻不是能讓對方不假思索就回答的好辦法。

要讓對方不假思索就回答，必須懂得靈活運用**「心理抗拒」**這個理論。所謂的心理抗拒，簡單來說就是「內心產生的反抗心態」。

當我們行動自由受到限制時，就會產生強烈的反應為自己爭取恢復自由。當我們被別人限制「不可以吃」的時候反而會更想吃、被限制「不准看」的時候反而會更想看、被限制「不可以推」的時候反而更想推，都是常見的例子。換句話說，就是被限制時會讓人更想去做。

所以，當我們在提問時就可以好好利用心理抗拒的效果。

在提出問題之前，不妨先這麼說：

「如果您不方便回答，不回答也沒關係……」

「萬一不好開口，隨時都可以告訴我們……」

「只要是能透露的範圍內都沒問題……」

接著再正式提出你的問題。

上述的「不回答也沒關係」、「不好開口就不用說」的前提，正是在限制對方說話。這麼一來便能讓對方產生心理抗拒的反應，反而可以催生出說話的動機。這麼做的效果當然不能說是百分之百，但肯定可以大幅提高對方回答的機率。

在刑偵劇當中，有些刑警會威脅犯人「給我說！」；有些刑警則會溫柔勸告「不用勉強自己回答。」，大多都是後者才能使犯人吐露真言。

當我們公司在舉辦企業研習時，有時候也會在事前跟該公司的員工聊聊天。如果問對方：「你覺得貴公司的問題是什麼？」這麼問絕對不會有任何人願意開口。因為要是回答了，感覺就像是在告狀一樣。

不過，要是再加上一句：「要是不方便回答，不說也沒關係。」幾乎所有人都會開始講出公司的問題。

一旦行為受到限制，反而會讓人想要擺脫限制而開始行動。這樣的心理真是有趣呢！

正因為是令人難以回答的敏感問題，更必須做足體貼對方的功夫。

這次介紹的小技巧非常簡潔俐落，**只要在正式提問前先說這句，就能讓人不假思索地回答**。這在提出敏感問題時可說是非常有效的方法。

Road to Executive

一流的人
在提問時會利用
心理抗拒的效果。

先告訴對方「不回答也沒關係」，
反而會激發出對方想回答的心情。

請對方做出決策

三流的人沒辦法使對方做出決策，二流的人會問「要怎麼做？」，一流的人會怎麼使對方做出決策呢？

大家知道米爾頓・艾瑞克森（Milton Hyland Erickson）這個人嗎？他被尊稱為言語的魔術師。

米爾頓・艾瑞克森是美國臨床催眠學會的創辦人，以催眠治療法廣為人知。就算是抱有嚴重煩惱焦慮的患者，在他的治療下也能瞬間好轉，可說是一位天才精神治療大師，在心理學界無人不知、無人不曉。

在他知名的治療法中，有一項治療法是**「選擇法」**。這個方法是給予患者選擇權，讓患者在不自覺的情況下接受你所希望的結果。

他會對症狀遲遲未改善的患者說：「你覺得這個症狀可以在兩週內消失，還是在三週內消失？哪一個比較符合現實呢？」

因為患者回答這個問題的當下，就已經是以「症狀會好轉」的前提在進行談話。這樣的前提能帶給對方潛意識正向的影響，進一步達到有效的治療。

沒錯，只要眼前有選項，人們就會習慣性地從中做選擇。

例如當律師告訴你：「我覺得這個案子應該要求對方承擔損害賠償責任比較好，你覺得要先遞交證據嗎？還是直接進入訴訟程序呢？」你一定會不假思索地選擇其中一個選項吧！儘管你根本連希望對方賠償都還沒說出口。

此外，在警察的調查過程中也經常使用這樣的手法。

「當你抵達現場時，有誰已經在那裡了嗎？還是一個人都沒有呢？」

警方會像這樣對根本沒說自己是否在場的人，做出誘導性的提問。

雖然這個方法遭到濫用就不好了，但在要催促對方做出決策時，利用選擇法的確非常有效。因為比起多方思考，只做選擇還是輕鬆多了。

在跑業務時要與對方約定見面日期時，千萬別問：「請問您什麼時候有空？」直接詢問：「請問您下週與下下週哪個時間比較方便呢？」會更容易與對方約好時間。

還有一個例子。「為了成果的品質著想，成本稍微高一點可以嗎？還是要盡量壓低成本比較好呢？」

像這樣詢問時，對方會比較傾向回答：「成本稍微高一點也沒關係。」因為做決定的前提是「為了品質著想」的緣故。

在詢問餐點選擇時，也可以用這種方式詢問對方。「要吃西餐還是日式料理？你現在比較想吃哪一種？」這麼一來對方回答起來也比較容易；「如果要去旅行，你會想要去沖繩玩水上摩托車，還是去輕井澤的避暑勝地度過涼爽的夏季呢？」這也是使用了選擇法技巧的提問方式。

剛剛已經舉了許多例子說明，我想表達的是：**「只要將選項放在人們眼前，就會比較容易作答。」**

最重要的不是促使對方做決策，而是幫助對方做決策。這就是選擇法的真諦。請大家務必要在提問中試試這個技巧！

Road to Executive

一流的人
會利用選擇法來提問。

✔

只要提供選項，
就能營造出容易做決策的環境。

回答起來很麻煩的提問

三流的人會害怕得不敢問，二流的人提問後會收到臭臉，一流的人會怎麼問呢？

有些問題會讓人覺得「回答起來很麻煩……」。

其中最具代表性的就是街頭訪談。

當我們走在路上，如果有人突然來問：「方便問幾個問題嗎？」相信大部分人都會選擇快步走過吧！

因為這種街頭訪談通常回答起來很麻煩，自己又沒那麼多時間，而且也會擔心個資外洩的問題。

街頭訪談只是其中一個例子而已，在日常生活中還有許多情況下都會面臨麻煩的提問。

例如，當對方詢問了自己不知道答案的問題時。

你是否也有這種經驗呢？當自己詢問對方：「請問〇〇是什麼？」對方卻一臉不耐煩地說：「自己去查啊！」

此外，當有人向大家表示：「請大家協助填寫公司內部的問卷調查。」這種時候也不會有人主動回應。

公司希望蒐集顧客的回響，卻沒有人願意協助填寫問卷調查，結果遲遲沒有回音。因為回答問卷其實出乎意料地需要花上許多精力，大家都會覺得很麻煩。

雖然也可以用「可以耽誤您一分鐘就好嗎？」、「很快就可以填完」等話術說服對方作答，但儘管只有一分鐘，麻煩的事也不會因此變輕鬆。

回答問題本來就是一件苦差事。

所以，我蒐集了街頭訪談人員的筆記，深入調查了「究竟什麼樣的提問方式會令人不假思索地回答」。

此外，我還詢問了向來有交情的調查機構：「平常都是用什麼樣的提問方式，才能讓受測者願意回答呢？」

結果，各界採用的作法幾乎一模一樣。乍看之下或許非常普通，但卻是最有效的方法。那就是**「要明確說出提問的原因」**。

心理學家艾倫．蘭格（Ellen Langer）曾做過一個很有名的印表機插隊實驗。

A：「不好意思，我有五頁要印，請問可以先讓我用印表機嗎？」（只說出了自己的需求）

B：「不好意思，我有五頁要印，因為我有急事，請問可以讓我先用印表機嗎？」（加入了原因的請求）

C：「不好意思，我有五頁要印，因為我必須影印，請問可以讓我先用印表機嗎？」（加入了無意義原因的請求）

在這個實驗中，同意插隊的比例如下：

A：只說出了自己的需求＝60％

B：加入了原因的請求＝94％

C：加入了無意義原因的請求＝93％

比起A只說出自己的需求，提出了原因的B與C，對方同意的比例遠高出A許多。而且就算是C「因為我必須影印」這種根本稱不上是原因的原因，獲得對方同意的比率幾乎與B一樣。

從這個實驗就可以看出，在請求中加上原因可以達到多麼好的效果了。

當自己提出了不明白的問題，但對方卻不願意回答時當然很棘手。這時候就必須將原因派上用場了。

「我有稍微查詢過，但實在是不太明白……」

「我思考了一整晚，但還是想不出什麼好主意……」

在提問時，不妨像這樣試著加上必須請教對方的原因。

此外，在進行公司內部的問卷調查時，也可以在提問時先說明原因，例如：

「由於公司想調整起薪，希望參考您的意見。」

「希望多聽聽不同部門的意見。」

回答率肯定會大幅提升。

「〇〇您也有一位正在念小學的小孩吧！我兒子也正在念小學，想跟您聊聊關於孩子的事……」

像這樣明確點出想向對方請教的原因，就可以提升對方回答的動機。

雖然在提問時，一一明確傳達原因會讓人覺得有點麻煩。

但事實上，要回答的人更覺得麻煩。

因為**要對方回答問題，就是占用了對方寶貴的時間**。一流人才絕對明白時間的重要性。

正因如此，回答起來會讓人覺得有點麻煩的提問，更要**利用「原因＋提問」的公式**。這絕對是體貼細心的人必備的常識。

Road to Executive

一流的人
會利用原因＋提問
提升回答率。

提出明確的原因，
才能讓人產生回答的動機。

三流的人只會命令對方「快去行動」，二流的人會建議對方「要行動嗎？」，一流的人會怎麼讓對方付諸行動呢？

每個人都會有不想去做的事。

像是寫作業、打掃、減重等等，當然也會有不想工作的時候。

你覺得人類為什麼會不想做呢？

道理很簡單。因為人類是一種具有恆定性的生物。

所謂的恆定性，指的是隨時保持恆定（不變）的意思。

舉例來說，就算發燒時體溫高達38℃，過幾天就又會回到36.5℃；跑步時心跳雖然會變快，但只要過幾分鐘心跳速度又會恢復正常。

對人類而言，「跟平常一樣」是一種非常舒服的狀態，反之，變化才是一種威脅。

所以，如果要去做平常沒有在做的讀書、減重、棘手的工作等，大腦就會盡全力阻止自己去做。這就是人類會覺得不想行動的原因。

在這種情況下，就算督促對方「快點去做！」，對方也只會感受到壓力而已。

要讓對方付諸行動，需要一點訣竅。

那就是**只著眼於小事的提問**。事情雖小，卻能一點一滴改變世界。

現在就讓我來具體說明。

剛才已經告訴過大家，人類是一種很討厭改變的生物。所以，就要讓對方從察覺不出改變的超小行為開始做起。

如果對方表示：「雖然我知道要去健身房運動比較好，但要去健身房好麻煩喔……」此時就算告訴他：「只要去一次試試看好嗎？」對方也無法立刻付諸行動。

此時，就必須著眼在更小的行動上。

「要不要先在家做五下伏地挺身開始做起呢？」

「不然先換上健身穿的服裝吧？」

「只要去健身房試舉一次啞鈴就好？」

雖然上述都只是舉例而已，不過當對方真的換好了運動服，可能就會產生「那就去一趟好了」的想法，真的試舉了一次啞鈴後，可能就會想要再多舉幾次也說不定。

只要替換成非常小的行動，自然而然就能誘使對方行動。

我將這個方法稱之為「百分之一行為療法」，也就是將焦點集中在百分之一這麼小的範圍裡就好。

假設是作業，可以建議對方：「要不要先寫一題看看？」；如果是打掃廁所，就可以說：「不然只要擦馬桶蓋就好？」；若是戒酒，則可以說：「先試一天看看吧？」

在提問中建議對方先嘗試非常微小的行動，小到對方會不由自主地回答：「如果是這種程度的話我應該辦得到。」

就算是面對責任重大的專案而感到膽怯時，也只要問問自己：「為了順利完成專案，我今天可以做些什麼？」就可以找出現在能做的事。

一流人才擁有讓別人成功的力量。因為一流人才是發掘微小行動的專家。

人類非常討厭大型的變動。既然如此，就只要去做微小到難以察覺的改變就好。

只要先踏出第一步，身體就會自然而然往前傾，不由自主踏出下一步。藉由連續的行動，就能漸漸加速，抵達更遠的地方。

藉由提問促使對方付諸行動，讓對方產生覺醒，也是一流人才特有的技能。

Road to Executive

一流的人會以提問的方式
令對方採取微小的行動。

誘使別人去做
難以察覺到改變的微小行動。

排出優先順序

三流的人不在意對方的優先順序，二流的人會問：「什麼事該優先去做？」，一流的人會怎麼問呢？

有些人總是看起來慌慌張張、手忙腳亂。遺憾的是，這樣的人通常都不會有什麼太大的成就。

隨著科技的進步，在工作領域中也漸漸變得需要做許多種面向的工作。現在是人人都必須做各種工作的時代。正因為如此，我認為**優先順序力**就是關鍵。所謂的優先順序力，就是決定優先順序的能力。

舉例來說，越會抱怨「啊~要做的事好多……」的人，會浪費越多時間在找資料，整天都在問：「那個資料到底在哪裡？」像這種人最該優先處理的，並不是眼前的工作，而是得先整理桌面才行。

常有人找我商量「工作無法做出成果」的煩惱，通常我都會建議對方，與其琢磨工作技巧，不如先專心調整好身體狀態再說。具體而言就是留意飲食、睡眠與運動。

當身體狀態不佳時，當然沒辦法在工作上發揮亮眼的表現。

不會排列優先順序，只會埋頭苦幹的人，其實真的很多。

這種人就像是不管腳踏車的鏈條早已生鏽，還拚了命地猛踩踏板一樣。這時候該做的是幫鏈條上油才對。

換作是人生，上油就好比下列兩個提問：

①「對自己而言最重要的是什麼？」

②「對周遭旁人而言最重要的是什麼？」

對於事務繁忙的人而言，只要整理好這兩個主軸就能事半功倍。

假設，現在你的眼前有十件事要做。

「準備○○會議」、「製作○○資料」、「聯絡○○」等，首先請將待辦事項以條列式記錄下來。

接著，再依照剛剛的兩個主軸：「對自己而言最重要的是什麼？」、「對周遭旁人而言最重要的是什麼？」，分別以五分為滿分一一為待辦事項評分。

假設「準備○○會議」對自己的重要度是五分，對別人的影響也是五分，那麼總分就有十分。這就是該最優先處理的工作。

若「製作○○資料」對自己的重要度是三分，對別人的影響是兩分，那麼總分就是五分。既然如此，這項工作的優先順序就並不那麼前面。

儘管是由本人的主觀意識來評分也不要緊，只要按照總分的高低順序排列，就可以看出眾多待辦事項的優先順序了。

每個人都很重視自己的事，而且也會想要慎重看待別人的事。因為幸福無法一人獨享，要和別人共享才是幸福的真諦。

所以，我們必須將對自己的重要性與對別人的影響，都放在同一個基準點來評估才行。只要掌握了決定優先順序的基礎，不只能掌握自己「該做什麼」，同時也能看出自己「不該做什麼」。

時間有限，所以必須讓時間發揮最大的價值。而培養出決定優先順序的能力，就能讓時間發揮最大的價值。

一流人才不只能管好自己的時間規劃，甚至還可以幫助對方整理出優先順序，這就是一流人才的能力。

Road to Executive

一流的人
會以自己與別人
為主軸來提問。

整理出明確的優先順序，
發揮最佳工作表現。

開拓
新的想法

三流的人會怪罪別人，二流的人會問：「你想怎麼做？」，一流的人會怎麼開拓新的想法？

如果從「讓人不假思索就回答」的角度來看，這次要教大家的提問術可說是效果最強的方法。

那就是**假設的問法**。

讓人不假思索就回答的王牌就是假設，也就是用「如果」開頭的提問。

舉例來說，要是突然問孩子：「你將來的目標是什麼？」對方想必會啞然無語：「……」

不過，若是這樣問：「如果將來任何事都可以挑戰，你有什麼想試試看的事嗎？」應該就會比剛才那樣問好回答多了吧！

因為「如果」本身就是一個假設的問句，就算回答了也不必承擔任何責任。

或許有人會認為：「光是回答而已根本就沒意義嘛。」

但是，若對於將來完全沒有任何想法，絕對不可能往前邁進；唯有產生了想法，才有可能帶來實現的些許希望。

換作是我也一樣。事到如今，我已經不可能將人生目標放在成為美國職棒大聯盟的球員。話說回來，我壓根沒有過這種想法。因為我根本不會去想這種毫無可能性的事。

不過，若是有人問我：「如果你有時間的話，有什麼想做的事嗎？」我可能會想去當少棒隊的教練。因為我一直到高中都有在打棒球，如果真的要去當教練還是有一點點機會實現。

在顧問的世界中，有一個很有名的提問技巧是「如果沒有限制的話」。

「如果沒有限制的話，你的目標是什麼？」

「如果沒有限制的話，你想獲得誰的幫助？」

「如果沒有限制的話，你會想要怎麼解決這個問題呢？」

先做假設，就能開拓出新的想法。而新的想法就是付諸行動的原動力。

一流人才會在對話中頻繁使用「如果」、「假設」等句型。

從事業務工作的人，一談到錢就是最緊張的時刻。無論先前相處的氣氛再怎麼好、談得再怎麼順利，只要一談到錢就會瞬間讓空氣凝結。

所以，一流的業務一定會用假設的語氣說話。

「先暫且不論費用，如果您購買了這款商品，您認為會有幫助嗎？」只要用了「如果」這個詞彙，就代表對方不用急著決定要不要購買，回答的難度一下子會降低許多。同時卻也能讓人開始想像購買後的情況，便能提升對方的購買意願。

當我們跟上司商量：「我手上的工作太多了，可以請別人來幫忙分擔一些嗎？」這時上司可能會說：「才這麼一點工作你就自己完成吧！」

這種時候，如果能用假設的句型向上司商量：「如果有人可以幫我分擔的話，我可以請對方幫忙嗎？」上司或許就會答應了，因為反正只是假設而已。

不過，要是到時候真的出現了可以幫忙的人，上司想必也不會拒絕吧！

假設畢竟只是假設，就算回答了也不必承擔風險。但卻能開拓出新的想法。而新的想法正是開創全新未來的第一步。

當對方無法產生新的想法時，千萬不要只會怪罪對方，不妨利用假設語氣的提問，提供對方一個開拓新想法的契機吧！

Road to Executive

一流的人
會利用假設語氣提問。

從「如果」、「假設」開始的提問，
可以為對方開拓新的想法。

三流的人無法尋求建議，二流的人會問：「我該怎麼做才好？」，一流的人會怎麼問呢？

這次要談的主題是，要怎麼提問才能讓人不假思索地給出建議呢？

有些人遇到困難時，身邊一定有人主動詢問：「還好嗎？」、「需要幫忙嗎？」，並獲得恰當的建議，不過這種備受善意的人畢竟是少數。

反之，有些人卻總是孤立無援、孤軍奮戰。

身為人類，絕對不是所有問題都可以自己一個人解決。正因為如此，遇到困難或煩惱時，懂得用提問的方式獲得恰當的建議就顯得非常重要了。

不過，被尋求建議的那一方要是給不出建議一定會覺得很尷尬，萬一對方不滿意建議的內容，甚至流露出不服氣的表情，肯定也會讓人感覺很不舒服。

另一方面，好不容易有人願意給自己建議，但要是令對方覺得「早知道就不給建議了」，對方下次也不可能再給自己建議了。

所以，我們一定要學習能讓對方容易給出建議的提問方式才行。

有一種提問方式與原本的問法僅有些微差異，卻能徹底扭轉對方的回應態度。那就是將**「我該怎麼做？」**，**改成「你會怎麼做？」**。

「我最近總是睡不著，我該怎麼做才好呢？」當你像這樣尋求建議時，只要對方不是醫生，就不可能立刻作答。

不過，如果你問的是：「〇〇先生您睡不著時，會怎麼做呢？」就算是一般人也可以答得出來。因為這種問題**只要就自己的經驗回答就好**。

對方可能會回答：「反正就先鑽進被窩閉上眼睛」、「睡前看一下書」、「乾脆放棄睡覺，起來做自己喜歡的事」等等，可以聽到各種不同的作法。

尋求建議的人不僅可以從這些回答中找出一些靈感，而且反正只是聆聽對方的經驗而已，不會產生一定要照做的壓力。

我因為工作上的關係，常會有人向我尋求各式各樣的建議。

舉例來說，曾經有人問過我：「我有社交焦慮症，我該怎麼克服呢？」先不論社交焦慮症的緩解方法有好幾種，事實上我根本不知道對方的狀態究竟如何，當下很難直接給出建議。

不過，如果對方問的是：「聽說桐生先生也曾經歷過社交焦慮症，請問您是怎麼克服的呢？」這樣回答起來就容易多了。

因為畢竟是我自己的經歷，我曾試過的方法就多達十幾二十種。

從「我想不出企劃該怎麼辦？」，改成「當您想不出企劃時，是怎麼獲得靈感的呢？」

從「面對無法溝通的奧客時，我該怎麼跟對方溝通呢？」，改成「面對無法溝通的奧客時，您都是怎麼與對方溝通的呢？」

雖然只有細微的差異，但只要改變提問方式，對方回答的意願就會壓倒性的改變。

這麼一來，希望尋求建議的人便能獲得許多資訊，而給予建議的人也可以開心地侃侃而談自己的經歷，可說是雙贏的作法——這就是尋求建議的正確方式。

Road to Executive

一流的人會問：
「您會怎麼做？」

從對方的經驗談中，
獲得解決煩惱的靈感。

當對方的發言令自己感到焦躁時

三流的人會隨意發怒，二流的人會問：「現在是什麼情況？」，一流的人會怎麼問呢？

「你完全搞錯了！」

你是不是也曾有被對方的發言搞得火冒三丈，想也不想地就直接回嗆過去呢？我們畢竟是人，當然會有被激怒的時刻。我也是一樣。

不過，像這樣反射性地回嗆，只會與對方起衝突而已。但如果一直暗自忍耐，也會累積很多壓力。

這次我想告訴大家的是，**對對方的發言起「反應」，與「應答」完全是兩回事**。

所謂的「反應」指的是與想法毫無關聯的回應。

舉例來說，當我們觸碰到滾燙的茶壺時，會說一句：「好燙！」連忙抽開雙手。這就是反應。

而所謂的「應答」則是有思考過的回應。應答正如其詞，是「回應」對方的「回答」。

換句話說，反應是無意識的，應答是有意識的。

你平常為對方的發言感到焦躁時，是立刻氣血上湧無意識地做出反應，還是會仔細思考後再應答呢？你認為一流人才會怎麼做呢？

一流人才當然是有意識地應答。

一流人才不會急著爭論，而是會提出疑問，探究對方如此發言的原因。

「我想請教一下，請問您為什麼會這樣想呢？」

「原來是這樣，請問還有其他原因嗎？」

「是這樣嗎？如果方便的話，可以再多向您請教一些嗎？」

「這樣啊！我還可以再問深入一點嗎？」

像這樣詢問對方，也許反而會激怒對方（笑）。這些是比較極端的例子，**無論如何，在想要回嗆之前，一定要記得先探詢對方究竟「為什麼會這麼說」**。

藉由這道過程，便能為自己爭取一段可以冷靜下來的時間。

人類無法一次同時思考兩件事。

「針對對方說的話提出反對意見」、「探究對方這麼說的原因」，人無法一次進行這兩件事。

正因為如此，就先將焦點放在對方的原因，藉由詢問原因的過程，便能讓自己更容易從反應轉換成應答。先讓自己冷靜下來，使一開始火冒三丈的怒氣漸漸緩和後，應該就可以用心平氣和的態度對話了。

此外，探究了對方的原因後，或許就可以了解對方究竟哪裡弄錯了，甚至反而會發覺其實是自己不對呢！

要是任由憤怒擺布、持續做出反應，就會被衝動的情緒牽著鼻子走，最後鬧得一發不可收拾。反之，好好思考過再應答，才能做出恰當的行為。

當對方的發言令人感到焦躁時，請大家務必要試著探究對方發言背後的原因。

Road to Executive

一流的人
會詢問對方的原因。

思考過再應答，
就能控制自己的怒氣。

CHAPTER

5 獲得工作成果的提問方式

三流的人會立刻開始說明，二流的人會先說結論，一流的人會先說什麼？

或許有些人會認為提問是在「詢問對方」，感覺是一種很被動的行為。

不過，在簡報中拋出的提問，其實掌控了十足的主動權。

因為**只要能靈活提問，不僅可以引起對方的興趣、獲得對方的共鳴，還能夠促使對方付諸行動**。

現在我要問大家一個問題。

日本面積最大的都道府縣是北海道，那麼最小的是哪裡呢？

答案是「香川縣」。如果以北海道的面積為基準，香川縣只佔了北海道的2.2%而已。

那第二小的地方是哪裡呢？大家一定會感到很驚訝，因為很多人都以為那裡占地相當遼闊。有興趣想知道的人，不妨翻到本書的最後一頁，我會在最後公布答案……開玩笑的，我現在就要揭曉了。

答案是「大阪府」。大阪府的人口有將近九百萬人，而且也擁有二十四個區，甚至還有港口，不覺得給人非常遼闊的印象嗎？

在這裡我想告訴大家的是，從一百多年前就在行銷界廣為提倡的**「AIDMA法則」**。

當消費者購入物品時，會在不自覺的情況下產生下列的心理過程：「注意（Attention）→關心（Interest）→欲求（Desire）→記憶（Memory）→行動（Action）」。

將這些狀態的第一個英文字母組合在一起，就是「AIDMA」。

換句話說，若希望對方付諸行動，最重要的就是必須先吸引對方注意，讓對方產生興趣。

所以我剛剛才會突然對大家拋出提問。因為提問具有讓對方產生興趣的效果。

現在我要再問大家一個問題。

有一項問卷調查的主題是「減重時最想瘦下來的部位是？」大家認為第一名是哪裡呢？

第一名當然是「腹部」遙遙領先。下腹一旦突出，就很難重新恢復平坦……

若想快點剷除腹部贅肉，大家認為「運動」跟「飲食控制」哪一種方法比較有效呢？

這題就算是健身教練，也一定會回答「飲食控制」。

舉例來說，一包零食的熱量大約是三百大卡，跟跑步九十分鐘消耗的熱量一樣。不過，要跑步九十分鐘必須擁有很強的毅力與決心才行。既然如此，少吃一包零食絕對是更容易辦到的選項。

經過這樣實際詢問、揭曉答案後，很多人都選擇戒掉零食或大幅減少零食攝取次數。

與其直接建議對方進行「飲食控制」，不如藉由提問慢慢吸引對方產生興趣，最後對方付諸行動的比例絕對會大幅提升。

而進行簡報更是一個嚴肅的場合，如果一開始沒能吸引大家產生興趣，就沒辦法繼續推動下去。

現在以關於「睡眠」的企劃簡報為例：

A：「你覺得有幾成的人有失眠的困擾？我第一次聽到時也嚇了一跳。」

B：「大概兩成左右嗎？」

A：「實際上有四成之多！尤其很多女性都有失眠的困擾，六十歲以上長者更多達一半以上都有失眠問題。」

B：「竟然有這麼多！」

A：「就是呀！你有聽說過『失眠是國民病』嗎？」

像這樣藉由提問讓對方對睡眠問題產生興趣，再提出助眠產品的提案，比起大力鼓吹「這個枕頭太神奇了！」，更能在簡報時抓住對方的心。

「你知道有一間超受歡迎的家具行，是讓顧客自行組裝家具嗎？」

「你知道有一間超受歡迎的居酒屋，是讓顧客自行倒酒嗎？」

像這樣拋出提問：「咦？讓顧客自己做事居然還會這麼受歡迎嗎？」也是一種吸引對方產生興趣的方法。

上述兩個問題的答案，就是家喻戶曉的ＩＫＥＡ（宜家家居）以及以「零秒檸檬沙瓦」出名的Tokiwa亭。值得一提的是，Tokiwa亭在新冠疫情期間，竟新開了七十間店鋪。

對客戶做簡報時，大多數的情況下對方要不是毫無興趣，就是已經有先入為主的想法，總之都是處於毫無興趣的階段。想要燃起對方的興趣，就要靠開場時的提問。請大家務必試著在做簡報時，接連不斷地拋出能引起對方興趣的提問。

Road to Executive

一流的人
會先從引人入勝的
提問開場。

在簡報的一開場，
就要吸引對方產生興趣。

三流的人無法與客戶簽下合約，二流的人會問：「請問可以簽約嗎？」，一流的人會用什麼提問來收尾呢？

無論是誰都會遇到令自己緊張不已的場合。

像是邀約對方約會、告白等時刻。如果是商務場合，在請求對方簽約時也是一樣，緊張的程度幾乎就像是在跟客戶告白一樣。

如果是十拿九穩的客戶，就算直接向對方說出「合約就拜託您了」，也不會感到緊張，但一般而言則是很有可能被拒絕。

所以，有很多人到了商務場合的尾聲都會感到非常緊張。

假設現在你已經向對方告白：「我喜歡你，請跟我交往。」但對方卻拒絕了。

這種時候，會不會有人覺得「一定是我的表達方式不好……」呢？

應該不會有人這樣認為吧！畢竟比起表達方式，一般人應該很清楚問題在於兩人之間的相處過程與熟悉程度。

商務場合中也是一樣。明明雙方之間的感覺還沒走到可以簽約的階段，卻在商談的尾聲突然拋出震撼彈：「請問可以簽約嗎？」這麼一來當然簽不成。

請大家一定要重新檢視簽約之前的這段過程。

法國哲學家笛卡兒有一句名言：**「要將問題分割成許多小問題。」**這句話就是本主題的解答。

在請求客戶簽約時，是因為希望客戶一舉作氣爽快地回答「Yes」，心裡才會這麼緊張。既然如此，**那就將最後的「Yes」分割成許多小小的「Yes」就好**。

舉例來說，在商談的一開始就先問對方：「我可以先說在什麼情況下可以使用到這項產品嗎？」利用小小的提問，拿下第一個「Yes」。

接著，當商談進行到一個程度後，就可以詢問對方：

「到目前為止的說明，可以讓您大概想像出這項產品的功效了嗎？」

「既然您給了我這次向您說明的機會，應該就代表您對這項產品有點興趣對嗎？」

關鍵在於要提出能讓對方回答「Yes」的提問。

接下來，一邊說明的同時，還要繼續提出下列這些詢問：

「如果您購買了這項產品，應該可以想像這項產品派上用場的場景吧？」

「假設要開始使用的話，您希望在這個月還是下個月開始呢？」

「到時候您會比較偏好一次付清還是分期付款呢？」

像這樣一步一步朝著簽約前進，累積越來越多「Yes」的答覆。這個過程正是透過提問來實現。

完成這些過程後，最後再進一步鼓勵對方：「請您務必要試試看！」

千萬不要在說明結束後自顧自地突然拿出合約，而是要與客戶一起透過層層疊疊的想像，朝著簽約邁進。

如果直到最後都完全不提合約的事，感覺就像是直到八月三十一日暑假最後一天都還沒開始寫暑假作業一樣，肯定會令人感到焦慮不安。

只要從一開始就慢慢累積諸多的微小「Yes」，最後就能優雅收尾。其實，一個好的商談收尾，要從序幕就開始鋪陳。

Road to Executive

一流的人會藉由提問
累積客戶的「Yes」。

一路累積小小的共識，
可以通往最大的目標。

有事要拜託對方幫忙時

三流的人沒辦法開口請求幫忙，二流的人只會問一次對方是否能幫忙，一流的人會怎麼請對方幫忙呢？

這次要告訴大家的是，該怎麼透過提問來拜託別人幫忙。

首先，有一個重點一定要先學起來。

那就是**「人沒辦法連續拒絕兩次」**。

大家是否有過這樣的經驗呢？

A：「請問可以占用你五分鐘的時間嗎？」

B：「我現在很忙，沒辦法。」

A：「那一分鐘就好呢？」

B：「如果是一分鐘就……」

結果就不知不覺接受對方的請求了。

這是業務在約客戶見面、街頭訪談時常用的手法之一。當然並不是所有人都吃這一套，不過大多數人在連續拒絕別人時的確會感到抱歉。

有一次我去吃午餐時，發生了一件不可思議的事。

店員：「只要加三百日圓就會附贈甜點，請問您有需要嗎？」

我：「不用了，謝謝。」

店員：「只要加一百日圓就會附贈飲料，請問您有需要嗎？」

我：「那我要冰咖啡。」

當時我不知道店員分兩次詢問的用意是什麼，不過現在他的用意已經昭然若揭。

當你有事情要拜託別人幫忙時，不妨試著分成兩次說看看。

A：「可以拜託你在下禮拜前把〇〇做好嗎？」（第一次）

B：「下禮拜沒辦法。」

A：「那下下禮拜可以嗎？」（第二次）

B：「如果是下下禮拜的話……」

我要表達的當然不是死皮賴臉硬要對方幫忙。

無論是誰，被拒絕後一定會感到挫折喪氣。不過，大家是不是會因為太害怕被拒絕，而變得裹足不前呢？

對方拒絕的原因很可能只是因為時間不能配合，又或者是雙方的條件沒有取得共識而已。

如果真的有事情必須拜託對方幫忙時，建議大家「只請求一次就放棄太可惜了，至少要試著請求兩次」。

被拒絕太多次不只自己會感到沮喪；拜託太多次對方也會非常困擾。

所以將次數設定為兩次就好。如果拜託了兩次還是不行，就果斷放棄吧！

對方只拒絕一次時還不用急著放棄。這就是一流人才可以持續做出成果的原因。

Road to Executive

一流的人
會詢問兩次。

要連續拒絕別人，心裡會很有壓力。

將想說的事化成言語

三流的人會說：「請說清楚一點。」，二流的人會說：「這是指〇〇的意思嗎？」，一流的人會怎麼問呢？

所謂的化成言語，是指利用言語表現出自己的想法。特別是將心裡的感受整理成有條有理的言語傳達給別人時，我們會說是「化成言語」。

「沒辦法將自己想表達的事好好化成言語……」

這種時候如果有人能出手相助，一定會很有幫助吧！

這次就要教大家當對方沒辦法順利將想法化成言語時，該怎麼用提問來幫助對方。

劈頭就逼問對方「請說清楚一點」是最糟糕的說法。這樣會使對方感到手足無措，反而更說不清楚。

若詢問對方：「這是指〇〇的意思嗎？」這麼說雖然能提供對方一些靈感，但也可能造成反效果，讓對方陷入迷惘：「嗯，好像也不是這個意思⋯⋯。」

我的學院現在有超過一百位講師，他們每天都在努力精進提問的技巧，幫助學員將想法化為言語。

在幫助學員將想法化為言語時，有一個提問法可以幫助學員釐清想法。那就是**「這應該不是○○，而是○○的意思嗎？」**

常會有人來我的學院諮詢換工作方面的煩惱，這種時候我們不會問對方：「您是在煩惱換工作的問題嗎？」我們反而會刻意問：「您是不是不想繼續做現在的工作，考慮是否要換工作呢？」

雖然這兩者之間的差異甚小，不過我們會刻意將**對立的字眼放在提問的一開始**。

因為唯有將「是否繼續做現在的工作」放到檯面，才能讓對方明確釐清自己到底是「想要改善現在的職場環境」，還是「真的想換工作」。

若是在白紙畫上白色的顏料，看起來還是一片白淨，但畫上紅色看起來就會非常醒目。這個提問法也是一樣，刻意加入一個不同的選項，就能讓對方真正想說的話水落石出。

「這應該不是A，而是B對嗎？」

這個提問的目的並不是要猜出正確答案，而僅僅只是為對方提供一個想法，幫助對方將感受整理成言語。

這種二元對立型的提問，在許多對話的場合中都能派上用場。

「與其說是生氣，您應該是傷心吧？」

「比起討對方歡心，您應該就算是被討厭也想明確表達自己的想法吧？」

「先不論對方能不能原諒，你應該是不能接受自己竟然無法原諒吧？」

這些提問都能幫助對方撥雲見日，看清楚自己內心真正的想法。

我再說一次，刻意在提問中加入對立的選項，並不是要追求正確答案，而是要幫助對方將真正想說的想法化為言語。

幫助對方將想說的事化為言語，也是一流人才獨到的能力。

不僅如此，當對方順利化為言語後，若能再稱讚對方「原來是這樣啊！」、「我完全明白您的意思了！」、「謝謝您告訴我！」更是一等一的人才。

因為「順利將想法化為言語的不是自己，而是對方的功勞」。當對方了解你的體貼用心後，一定會更加感動。

Road to Executive

一流的人會問：「這應該不是A，而是B對嗎？」

刻意提出二元對立型的提問，
幫助對方將想法化為言語。

對方的話語太過冗長

三流的人會打斷對方：「你說太久了。」，二流的人會問：「所以結論是？」，一流的人會怎麼問呢？

當對方的話語太過冗長時，你是否曾在心裡想過：「這件事到底要說到什麼時候啊……」

這種時候或許你會打斷對方，要對方趕緊說出結論。

不過，沉不住氣的人容易吃虧。一旦打斷對方說話，很可能會破壞雙方的關係。

說話太過冗長，肯定是對方的責任。或許真的是這樣沒錯。

不過，一流人才會這樣思考：「應該是我的提問方法不對。」

將提問改成讓對方容易簡短回答的問題——這就是一流人才會做的努力。

要怎麼提問才能讓對方長話短說呢？其實作法簡單到不可置信。

那就是**「具體地提問」**。

這個答案看起來簡直太理所當然了，請大家先別急著闔上書頁。這裡我特別強調具體是有原因的。

舉例來說，若是問對方：「這次的企劃感覺如何？」這種抽象的問題，顯然對方也只能回答得又臭又長。

所以，不如具體地詢問：「如果要舉出一個這次企劃的重點，你會選哪個？」對方的回答肯定會比剛剛來得簡短有力多了。

「你覺得〇〇的提案比上次好的地方是？」

「下次的會議要聚焦在哪裡？」

「如果可以解決一個煩惱的話，你想解決什麼煩惱？」

這就是聚焦在一個具體事物上的提問。

很多人都以為問得具體是應該的。

但實際上在我們的生活中充斥著籠統的提問。

當上司詢問：「你覺得如何？」這種籠統的問題時，下屬就必須回答得鉅細靡遺。因為這種時候下屬會希望先預設好所有立場，才能一絲不苟地回答。

明明這麼努力地回答上司，卻被怒斥：「說重點！」上司與下屬的關係肯定會毀於一旦。

再舉一個例子，若是要詢問下屬有沒有與客戶簽下合約，不要問：「怎麼樣？」而是要問：「拿到合約了嗎？」

此外，若能詢問：「拿到合約的機率大概有百分之幾？」、「客戶說了什麼？」針對談話內容提出具體的詢問，就更能掌握重點了。

如果覺得對方「講太久了吧……」，先暫時忍耐一下，把話聽完吧！因為就算再怎麼久，也只是幾分鐘的事而已。等對方說完，再**提出更深入的具體提問**就好。

提問的具體程度操之在我——這就是一流人才所具備的提問技巧。

下次遇到對方說話太過冗長時，請務必要試試看這個方法喔！

Road to Executive

一流的人
會提出具體的提問。

以聚焦於重點的提問，
讓對方長話短說。

討論變得錯綜複雜

三流的人會說：「我們的討論沒有焦點呢！」，二流的人會說：「先來整理剛剛說的內容吧？」，一流的人會怎麼問呢？

內田和成所著的暢銷書《論點思考》中，引用了經營之神彼得．杜拉克的名言。

彼得．杜拉克說：「我們最大的問題並不是做出錯誤的回答，而是回答了錯誤的問題。」如果去解決不需要解決的問題，就是在浪費時間。我們究竟該解決什麼問題呢？我認為這在經營學上是最困難也最基本的問題。

舉例來說，假設有人問了你這個問題：

「在東京丸之內區，要怎麼提升上門推銷的成功機率呢？」

丸之內這個地方是超高樓林立的東京正中心。這些超高樓的管理戒備森嚴，根本不是一個適合上門推銷的環境。

要是不管這個環境究竟適不適合上門推銷，就一個勁地努力推銷……結果會如何呢？

這就是我所謂錯誤的問題。

反之，只要問了正確的問題就能成功，以下就是這樣的案例。

日本的罐裝咖啡市場商機非常龐大，一年就可以喝掉一百億瓶罐裝咖啡。

在各大品牌都在討論「要怎麼改良咖啡的風味？」陷入激烈的角逐戰時，有一間公司討論的卻是：「要怎麼做才能讓咖啡放在桌上時不會打翻？」於是強化了包裝的設計，受到消費者熱烈歡迎。

這個品牌就是發售了寶特瓶咖啡的「ＢＯＳＳ」。

ＢＯＳＳ打破了「咖啡就是要用金屬罐」的刻板印象，創新的設計在年輕人中掀起熱潮，創下一年賣出三千萬瓶的銷售佳績，成為不折不扣的超人氣商品。

比起「要回答什麼？」，更重要的是「要問什麼？」。

當你在公司開會時，是否曾產生過「問題真的是出在這裡嗎？」、「一直繞著這個問題打轉是正確的嗎？」這類想法呢？

當討論變得錯綜複雜時，該做的就是**「問真正該問的問題」**。真正該問的問題，我們稱之為**「論點」**。

舉例來說，現在公司面臨「很多人都不遵守每個月的報賬請款日期」這個問題。

一般而言，我想大家應該會把論點設定為「該怎麼做大家才會遵守請款日期？」。

不過，請大家先暫停一下。

何不試著設定看看其他論點呢？

- 「要怎麼做才能減少報賬這件事呢？」
- 「要怎麼做才能從每個月報賬改成半年一次呢？」
- 「要怎麼做才能不必報賬呢？」

一開始先用條列式列出方向就好，試著寫出不同的論點。

將「該怎麼做大家才會遵守請款日期？」，以及完全不同的論點都列出來。

沒有必要在一開始就先鎖定論點。

重點在於列出各式各樣的論點，論點越多，就越能看出真正該進行的方向。

我們學院的客戶中，有一間企業「想要創造出一句代表公司的標語」。

對方希望可以想出一句簡潔有力又令人印象深刻的標語，於是召開會議，動員所有員工一起討論。

當時，有一位新進社員提到：

「不好意思，請問標語是什麼呢？」

周遭的人紛紛告訴他：「標語就是用來宣傳的一句話」、「應該是可以吸引別人注意的言語吧？」

還有人這麼說：

「公司的標語應該是公司想法的濃縮吧？」

「既然要想標語，就應該想一句可以流傳百年的經典標語！」

大家激盪出了各式各樣的論點，最後據說成了橫跨一年的超大專案，重新呈現出囊括企業特色、個性、理念的企業識別設計（CI）。

那位新進社員的提問：「不好意思，請問標語是什麼呢？」簡直就像是神的啟示，堪稱是「神的提問」。

我想，今天日本全國各地也正召開著無數的會議。

當討論內容變得錯綜複雜時，請大家先試著釐清出明確的論點，接下來再一一提出見解。

請大家一定要積極地找出「什麼才是真正該問的問題」。

Road to Executive

一流的人會問：
「要不要先釐清出
明確的論點呢？」

當討論變得錯綜複雜時，
更要明確找出真正該問的問題。

無法做出任何決定的會議

三流的人會問：「大家先討論看看吧？」，二流的人會問：「要決定什麼？」，一流的人會怎麼問呢？

「一天要開四場會議，感受到自己壓力飆升的人會急遽增加。」

這是專門研發將壓力可視化APP的DUMSCO股份有限公司所做的調查結果。

相較於一天開三場會議，會有14％的人感受到龐大的壓力，若增加到一天四場會議，就會有37％的人感到不堪負荷，超過兩倍以上。

不僅很多人都表示：「會議太多導致沒辦法做自己的工作……」，一旦日程表中排定了四場會議，就會給人一種一整天從頭到尾都在開會的感覺。

即便如此，如果是有意義的會議，還是有其必要性。所謂有意義的會議指的是「可以做出決策的會議」。

但糟糕的是，雖然有些會議可以做出決策，但多數會議根本做不出任何決策。

根據PERSOL總合研究所的調查指出，沒用的會議帶來最大的影響是「會議結束後仍然做不出任何決策」。

因為做不出決策，所以下次要繼續開會。然後又做不出決策，又要繼續開會……

像這樣沒用的會議越來越多，壓力當然也越來越大。

那麼，為什麼會做不出任何決策呢？

原因非常單純，那就是**「因為沒有想好該怎麼做決策」**。

事實上，在會議中要做出決策只有下列這三個方法：

①全員一致同意；

②少數服從多數；

③握有決定權的人決定。

雖然內閣決議時採用的是①，但一般公司幾乎不會以①的方式來做出決策。因為無論是贊成或反對，大家都會有不同的意見。

或許有些公司也會採用②「少數服從多數」的方式決定重要事項，不過這畢竟不常見。

最常見的方式是③，也就是由握有決定權的人做出決策。

只要有人可以決定「這件事由課長決定」、「這個會議的決議事項由課長全權處理」，然後對方也同意的話就沒問題了。但首先必須要有能說出這些話的這號人物存在。

問題是，有時候不見得會有這號人物。要是沒有人能先決定什麼事由誰負責，做不出決策的會議就會越來越多。

無論如何，為了消滅這些做不出決策的會議，一定要先提出這個問題：**「已經想好決定方法了嗎？」**

要做出決策，對任何人來說都是一件可怕的事，因為做決策就意味著必定伴隨著責任。因為必須承擔責任，就不太會出現願意做決策的人了。正因如此，做決策的人可說是物以稀為貴。

不妨稍微鼓起勇氣，主動對大家說：「結果可以由我來負責嗎？」也是一個好方法。這麼一來，就可以讓自己置身於做決策的位置，接受更多磨練。

主動承擔責任，就可以提升自己的地位。

請大家一定要好好把握住開拓人生的機會，主動挑戰做決策的重責大任！

Road to Executive

一流的人會問：

「已經想好決定方法了嗎？」

讓自己置身於做決策的位置，
拓展自己的潛能。

解決對方的煩惱

三流的人會無視對方的煩惱，二流的人會以自己為出發點來問，一流的人會以誰為出發點來問呢？

在日常生活中，大部分人都只會問自己想問的事。

舉例來說，上司會問正在煩惱無法達成目標的下屬：「為什麼沒辦法達成？」、「有沒有解決對策？」、「你不就是因為這樣所以每個月都沒辦法達成嗎？」

上述這些問句都是以自己為主的角度去問，因為「下屬要是沒達成，自己的立場也會變得很難堪」、「看著沒法達成目標的下屬感到焦躁」。換句話說，這些問句的出發點都是上司本人。

可是，「沒辦法達成目標」的人應該是下屬才對。所以應該要從下屬的角度出發，了解下屬的煩惱才對。

無論是《七龍珠》或《航海王》，主角一開始都是傷痕累累。做什麼事總是失敗、屢屢受挫，一點也不順遂。

同樣地，正在煩惱的下屬此時也正在他自己的人生故事中苦不堪言。

上司：「你沒能達成目標，應該很煩惱吧？」

下屬：「是的……」

如果是在動漫劇情中，此時正是幫手現身、發現厲害武器、鍛鍊自我、發生奇蹟的時刻。若能將這點銘記在心，讓下屬成為故事中的主角，應該就會想到要這樣詢問：

「你覺得由誰來幫助你會比較好呢？」

此時上司當然可以給予幫助，但這麼一來尋求幫助的對象就會受限。因為別部門的同事，甚至是公司外部人士也都可以給予協助。

或許去參加別人舉辦的講座、公司外部的教育訓練或接受諮商，也都是可行的方法。

此外，還可以詢問下屬：**「有沒有什麼可以使用的工具呢？」**

就如同動漫中會發現厲害武器一樣，為了達成目標也必須思考看看是否可以運用什麼輔助系統、投入廣告，甚至是稍微加點預算購入工具等，這樣詢問之下或許下屬就能想到什麼好點子。

「為了解決這個問題，你會想要挑戰嘗試什麼看看嗎？」

這就是鍛鍊自我。因為英雄總是努力不懈。

「如果奇蹟會發生，你會想要用什麼方法解決？」

或許你會覺得現實人生又不是漫畫……不過，「原本以為絕對沒希望的客戶，詢問後沒想到對方竟然同意合作」、「傳送了一萬封傳真廣告出去卻只收到一個回音，沒想到對方卻是超級大企業……」，這種奇蹟在現實生活中真的會發生。

怎麼樣呢？

比起一開頭的「為什麼沒辦法達成？」、「有沒有解決對策？」、「你不就是因為這樣所以每個月都沒辦法達成嗎？」這些咄咄逼人的提問，上述的這些提問方式是不是更能讓人撥雲見日，明確地找出解決對策呢？

人若處於一片黑暗之中，絕對沒辦法往前邁進。獨自抱著煩惱裹足不前的人，正如同身在一片黑暗之中。而解決對策就能成為他的光明之燈。

別再把自己當成主角，試著站在對方的出發點來提問吧！

雖然途中可能會發生各式各樣的問題，但要是一點考驗都沒有，故事肯定就顯得索然無味了。不要緊，陷入煩惱的人雖然正面臨痛苦，但同時也朝著快樂結局前進。

能讓對方察覺到這一點，當然也是提問的功勞。

Road to Executive

一流的人
會以對方為出發點提問。

**將對方當作故事中的主角，
引導對方想出解決對策。**

CHAPTER

鼓舞人心的提問方式

當對方失敗時

三流的人會怒斥對方：「你怎麼會做出這種事！」，二流的人會問對方：「下次有解決對策嗎？」，一流的人會怎麼問呢？

人們會在什麼樣的時刻失去動力呢？

應該是面臨失敗、事情不順遂時吧！

一帆風順時，根本不會想到動力這件事。在眾人面前演講時大受好評、工作上順利與客戶簽約、跟喜歡的人告白成功等，這種滿面春風的時刻並不會令人感到沮喪失落。

問題在於面臨失敗的時刻。因為對人類而言，失敗是會危及生命的危機。

或許大家覺得我說得太誇張……不過這是千真萬確的事。

人類誕生在這個地球上已經有五百萬年的時間。在這段漫長的歷史中，人類曾遭受猛獸襲擊、與飢餓奮戰、忍耐酷暑與惡寒，在如此嚴酷的環境下維持生命。

只要不小心走錯一步就可能面臨死亡的生活維持了很長一段時間。要是持續失敗，根本不可能留下後代子孫。因此，人類非常努力避免失敗。

如果面對每件事都要提起幹勁，那可真是吃不消。從大腦的運作機制來看，這也是沒辦法的事。

不過到了現代，基本上沒有什麼一旦失敗就會危及性命的事。正因為如此，只要在對方失敗時從旁協助，就可以讓對方繼續向前邁進，替對方找回動力。

舉例來說，當下屬惹火客戶時，要是連你都怒斥下屬：「你怎麼會做出這種事！」只會讓對方更害怕失敗，更喪失動力。

另一方面，要是問下屬：「下次有解決對策嗎？」著眼於防患未然的角度詢問又當如何呢？

雖然這麼做的確有其必要，但我剛剛也說過，人類的DNA中已經烙印了一旦失敗就會危及性命的恐懼，因此失敗時一定會感到挫折沮喪。

所以，當一個人已經失敗時，當務之急就是要讓他恢復自尊心。所謂恢復自尊心，就是讓對方回想起自己原本應有的樣貌。

因此，此時該拋出的提問應該是：**「你原本希望怎麼樣？」**

話說回來，失敗就代表著原本有懷抱著希望能達成的目標。

以小孩跟朋友吵架為例，當你聽完小孩的紛爭後，就可以像這樣問。

父母：「你原本希望怎麼樣呢？」

小孩：「我本來希望可以跟他當好朋友。」

父母：「就是呀，那我們現在一起去向他道歉吧！」

原本一直低著頭的孩子，聽到這裡應該終於抬起頭了吧！恢復自尊心就是這麼回事。

所謂的動力，就是「推動自己前進的力量」。既然如此，就應該讓對方先想起原本能推動自己前進的事物才行。

當一個人面對失敗時，感到眼前一片漆黑、毫無出路的正是他自己。對方都已經在苛責自己、痛苦不已了，更別提要靠自己找回動力。

在這種時候，若是身旁友人能提醒自己回想起原本希冀達成的藍圖，會是多麼鼓舞人心的事啊！這麼一來，就算失敗了還是能重整旗鼓，打從心底湧現出繼續努力的能量。

巧妙激發出動力的提問，當然也是一流人才特有的獨到手腕。

Road to Executive

一流的人會問：

「你原本希望怎麼樣？」

讓對方想起自己原本應有的樣貌，藉此找回動力。

三流的人會否定對方，二流的人會否定對方後再提問，一流的人會怎麼問呢？

當我剛成為小主管時，斥責下屬的方式曾讓上司目瞪口呆。

因為我曾在某本書上看到「不可以斥責下屬」的說法，於是我遵循這個守則，以不斷追問「為什麼？」、「為什麼？」來代替斥責。有時候也會激動地逼問對方：「你到底為什麼會這樣？」

當時，上司跟我說：「你這樣說跟斥責沒兩樣！」

我才恍然大悟「的確如此」。站在下屬的立場，一直被逼問「為什麼？」、「為什麼？」，感覺就像是被直接否定「為什麼你連這種事都做不到」一樣。

從那時起，我就開始認真學習「心理安全感」的概念。

所謂的「斥責」就是嚴厲責備對方的過錯。對對方而言，當然會想要極力避免發生這種事，因為這會讓人感覺到自己受到攻擊。

要讓對方接受原本想要極力避免的事，最重要的就是必須先保障對方的心理安全感。具體而言，就是要讓對方了解到「我並沒有打算要攻擊你」，解除對方的戒備。

讓對方解除戒備的方法非常簡單。

當一個人被否定時會緊閉心門，那麼只要反其道而行就對了。沒錯，否定的相反就是**「肯定」**。

請大家想像一下斥責別人時的場景。

「佐藤，你老是遲交報告，以後要多注意一點！」

這就是否定。這會讓對方的心門驟然緊閉。當對方緊閉心門時，當然沒辦法坦然接受你想表達的意涵。

如果這時使用的是「肯定的提問」呢？

「佐藤，你應該是一個會遵守承諾的人吧！」（肯定）＋「這次怎麼會遲交報告呢？」（提問）

或者可以像這樣加強語氣：「佐藤，你平常明明是一個很可靠的人呀！」（肯

定）＋「最近有發生什麼事嗎？」（提問）

「田中，你平常不是都會表達很多意見嗎？」（肯定）＋「但是一到開會時好像就變得不太說話了，是這樣嗎？」（提問）

「因為畢竟是田中，我想你應該是有什麼考量的關係。」（肯定）＋「開會時感覺比較不方便發言嗎？」（提問）

若能以**肯定＋提問**的方式傳達你的本意，便能讓對方解除戒備，也許就會對你吐露真心話：「其實是因為會議時很多人都在現場，我不太敢在這麼多人面前發言……」

要斥責對方時，必須先肯定對方，讓對方產生心理安全感。

掌握了這點後，我的管理能力突飛猛進，一開始只不過管理五人左右的小團隊，後來逐漸演變成領導三百人的超大團隊。

有些人會認為：「做了會被斥責的事，本來就是那個人的不對。」

可是，若是在斥責別人時憤怒得口不擇言，就如同用鐵鎚破壞一扇緊鎖的門扉，只會讓對方遍體麟傷而已；而你的手也會變得滿目瘡痍。

否定會讓對方的心門緊閉，而肯定則能讓對方敞開心房。

肯定的說法能讓你的言語變得更圓滑，堪稱是讓你與對方心靈相通的潤滑油。

Road to Executive

一流的人
會先肯定對方再提問。

給予對方心理上的安全感，
解除對方的戒備。

三流的人不想被討厭所以選擇不說，二流的人會直接告訴對方，一流的人會怎麼說呢？

雖然上一節的「斥責」跟這一節「不中聽的話」感覺是類似的主題，不過對對方而言，不中聽的話聽起來感覺更是難受。

剛剛已經說了，「敞開心門就等於是解除戒備」。

反之，透過讓對方有所警戒，也有可能打開他們的心扉。

那就是取得**「許可證」**，也就是事先讓對方發出許可。

唯有在彼此關係已經十分牢靠的情況下，對方才有可能接納突如其來的不中聽的話。突然說出不中聽的發言，簡直像是一場賭注。

正因如此，讓對方先做好警戒，再發出「許可證」的作法才特別有效。

建議大家不妨在提問前先加入這一句話：

「我可以說一句不中聽的話嗎？」

「我想要跟你說一件有點嚴重的事。」

「我接下來要說的話可能會有點嚴厲，我可以老實說嗎？」

先說這句話，感覺就像是先打預防針一樣。

這樣的作法與其說是提問，更接近宣告。因為這麼一來對方就很難直接拒絕。

先說這句話真的很重要，因為這能**讓對方做好心理準備**。

我出於興趣，平時有在練自由搏擊。即使是一般人出拳，要是出其不意吃了一拳還是會頭暈腦脹。

反之，如果有做好準備，即使對方揮來一記重拳，我也不會受到太大的傷害。因為我已經做好準備了，說話時也是一樣的道理。

或許這麼說難以置信，但**在對方還沒發出許可前就說出不中聽的話，以及即使是形式上發出許可才說**，給對方的印象將會截然不同。

「你可以不要生氣，冷靜聽我說嗎？」

「我知道這麼說很失禮，不過我可以告訴你一件事嗎？」

「我這麼說也許不太中聽，不過我可以說一件事嗎？」

當別人這麼問過之後，幾乎不會有人會回：「那就請你不要說。」因為大多數人都還是會在意對方到底想說什麼。

而且，透過這樣一句提問，就能製造出一個做準備的空間，對方可以待在這個空間裡做好心理準備。

此外，「你可以聽我自言自語嗎？」這句話也具有同樣功效。儘管大家都心知肚明你不是在自言自語（笑），但這句話也可以讓對方做好準備。

有時候雖然自己不想講，但還是會有非講不可的情況。

正因為不想傷害對方，所以要在當下就考慮到對方的感受。在體貼對方感受的前提下，將該說的事情告訴對方。

為了自己的升遷而生氣的上司，和為了下屬的利益而生氣的上司，兩者給對方的體貼可說是截然不同。下屬對這二者的敬重當然也會不一樣。

越是對方不中聽的話，越要做好事前提問，才能發揮意想不到的功效。

Road to Executive

一流的人
會先取得對方許可後再提問。

讓對方做好心理準備，
就能調整心態接受你的建言。

三流的人會命令對方：「要這麼做」，二流的人會問對方：「要不要試試這麼做呢？」，一流的人會怎麼問呢？

「選項越多，越能提升動力。」

這是我的見解。

舉例來說，在換工作時若是同時收到五間公司的邀約，應該沒有人會覺得「換工作好麻煩……」吧！一定是面帶笑容決定該去哪一間公司工作。

那種總是感到焦慮不安的人，是因為沒有察覺到自己有所選擇的緣故。

此時就是你該出場的時機了。想要提升對方的動力時，請務必要問**能增加對方選項的提問**。

要是現在有一個人因業績不佳而喪失動力，你該怎麼問呢？

- 「曾讓你創下最佳銷售紀錄的方法是什麼？」
- 「有沒有什麼對策是你還沒嘗試過的？」
- 「其他業績長紅的人是怎麼做的呢？」
- 「如果是業績冠軍〇〇先生，這種時候會怎麼做呢？」
- 「要是十年後的自己回到現在，要給現在的自己建議，你覺得十年後的自己會告訴你什麼作戰方式呢？」

上述都是可以拓展對策選項的提問。

藉由從各種角度詢問，說不定就可以讓對方想到無可取代的好點子。第一件要做的就是拓展選項。

在我們學院當中，經常替學員進行簡報與演講的訓練。

這種時候我們會假設學員可能遇到的最糟情況，替對方做好萬全的準備。例如：

「萬一簡報被駁回，下一個提案你會怎麼做？」

「要是演講時，你緊張到聲音發抖怎麼辦？」

「在會議中發表時，社長用很恐怖的表情看著你時怎麼辦？」

當選項越多時，無論發生什麼事都可以從容應付。這跟日本將棋的道理一樣。要是眼前只剩一條路可以走，就會全盤皆輸。而高手則會設想好幾條後路，選擇走其中最好的一步。

人生的選擇也一樣，如果一心只想著「我非做這個不可！」，走到死路的瞬間人生就會全盤瓦解。

我認為選項是越多越好。

無論是就業、換工作、創業、重返校園，只要預留下諸多可行的選項，就算其中一個失敗了，也不至於讓人動力消失殆盡。

就人類的心理而言，比起被別人決定人生，對於自己做的決定絕對會有更多動力。無論如何，自己做的決定最能觸動自己。

所以，最重要的事前準備就是安排多種選項。眼前的選項越多，越容易做出決定。請大家務必要試著藉由提問，拓展對方能付諸行動的選項。

Road to Executive

一流的人
會拋出能增加選項的提問。

**藉由準備許多選項，
讓對方變得更有動力。**

提醒對方注意重要的事

三流的人會問：「你可以做到什麼事？」，二流的人會問：「你想做的是什麼？」，一流的人會怎麼問呢？

「你想做的事是什麼呢？」

這是求職面試時最常被詢問的問題之一，但似乎有很多人都不知道該怎麼回答。

專門從事職涯顧問服務的Posiwill股份有限公司，進行了一項針對大學生所做的調查——「求職時最煩惱的事」，結果顯示：

第一名為「不知道自己適合什麼產業、公司」。（68.4％）

第二名為「不知道自己想做什麼」。（56.8％）

也就是說，有超過一半的人不知道自己究竟想做什麼。

沒錯，人們並不是那麼容易就能找到自己真正想做的事。

就算是社會人士也是一樣。

要是上司詢問：「最近想做什麼呢？」應該很少人能明確回答出這個問題吧！

如果上司繼續追問：「你真的沒有想做的事嗎？」可能就會帶來壓力，讓人不由自主地脫口而出原本想都沒想過的事，不但可能被懷疑「你真的想做這件事嗎？」，而且由於「自己說的事一定要做到才行」，還有可能變成非達成不可的目標。

基本上，人們不太可能藉由這種提問找到自己真心想做的事。

三流的人常用包含「Can」的提問。

例如：「你能做到的是什麼？」但這麼一來對方只能回答自己做得到的事，發展性就被侷限住了。

二流的人會使用包含「Want」的提問。

類似剛剛提到的「你有想做的事嗎？」

而一流的人則會用更容易回答的提問，讓對方察覺到重要的事。

那就是**關於「Mission」**的提問。

「對你而言，做起來最有意義的事是什麼呢？」

舉例來說：

當別人詢問：「你有什麼想做的工作嗎？」一定有人會回答：「沒什麼特別想做的。」

不過，如果是這樣問呢？

「你在工作時最重視的是什麼呢？」

應該就會出現各式各樣的回答，例如：「遵守時限」、「打招呼」、「記住對方的姓名」、「準備齊全的資料發送出去」等自己認為最重要的初衷。

這就是一個人平時認為最有意義的事。

如果對方原本回答：「沒有什麼特別想做的企劃。」不妨試著這樣問：

「你認為最有意義的企劃是什麼呢？」

這麼一來對方就可能回答：「會讓大家喜出望外的企劃」、「讓參加者開懷大笑的企劃」、「讓所有人團結一心的企劃」等，說出心中的想法。因為每個人一定有自己最重視的事物與價值觀。

為什麼一流人才會問對方關於意義的提問呢？

這在心理學上可以用「促發效應」來說明。

所謂的促發效應指的是，當人受到某種刺激時，後續的行動就會在不知不覺中受到影響。

舉例來說：

●走路途中聞到咖哩的香味（刺激）→買咖哩回家（行動）

●聽到「對了，去京都吧！」的廣告標語（刺激）→突然覺得很想去京都，就預訂了旅館（行動）

關於意義的提問也是一樣，藉由讓對方想起對自己而言有意義的事，為對方帶來刺激，對方就會想要付諸行動，將這件事化為現實。

就算對方面對「你想做什麼企劃？」這個問題時完全回答不出來，但針對「你認為最有意義的企劃是什麼呢？」，或許就能回答出：「令人感動的企劃。」

畢竟已經說出口了，這句話就能成為催化劑，讓人先定義「何謂感動」，具體描繪出令人感動的景象，思考相關的內容，然後就真的架構出了真正的企劃，這樣的例子比比皆是。

「有值得去做的意義」就是付諸行動的原動力。

當你希望對方可以察覺到真正重要的事物時，要是一開始就要求對方付諸行動、直接詢問對方「你想做什麼」，那就太心急了。對方並不會因此而有所行動。

在付諸行動之前，必須先有動機。而關於Mission的提問正能激發出對方的動機，也就是「你覺得做起來最有意義的事是什麼？」

而且對方也一定會感受到「你是真心想知道自己的想法」。這樣的感受就會成為心靈的養分，產生與對方一起行動的動力。

因為，一旦出現了能與自己產生共鳴的人，就能打從心底湧現出活力與勇氣。

Road to Executive

一流的人會問：
「你覺得做起來
最有意義的事是什麼？」

喚起對方的 Mission，
讓對方付諸行動。

三流的人不會察覺到重要的人，二流的人會覺得全都是自己的功勞，一流的人會問自己什麼？

接下來，我想討論人生中最根本的問題。

那就是**對自己的提問**。

現在就先問問自己這個問題吧！

「在我心裡，有沒有一位可以稱之為精神導師的人物呢？」

英語中的Mentor可直譯為「指導者、導師」，也就是在人生中從旁輔助自己成長、作為自己精神支柱的那個人。

或許很多人認為自己並沒有所謂的精神導師。

不過，我要問一個更深入一點的問題。

「如果說：『**要是沒有他，就沒有現在的我**』，在我心中有沒有這樣的人物呢？」

「這麼說來……自從聽了那個人的演講後，我對人生的想法就改變了。」

「在我剛開始工作時，上司教會我工作的基本功，才塑造了現在的我。」

「因為當時老師真的對我發怒，我才不至於走錯路。」

我想，無論是誰的人生中，應該都會有一兩位這樣的人存在吧！

我想跟大家分享我自己的例子。

十年前，我辭去了公司的工作，獨立創業成為講師。我以前從未想過自己竟然會想要成為講師。

不過，我出社會後參加了一場講座，那位講師實在是太有趣了，渾身充滿了耀眼的能量，看了那位講師的身影，讓我下定決心自己也要成為一位講師。

要是沒有那位講師，我現在絕對不可能成為講師，甚至經營商業學院，還動筆寫書。

「要是沒有他，就沒有現在的我。」

這就是我們學院對於精神導師的定義。

當你回想起精神導師的臉龐時，心裡一定充滿了感謝。因為此時你又重新了解到，正是因為拜對方之賜，自己才會是現在的模樣。

反之，如果一個人認為「自己能成為現在的模樣，都是自己的功勞」，則不可能萌生出感謝之情。

幾乎沒有一個人可以靠著單打獨鬥獲得成功，人際關係絕對是最重要的前提。重要的**並不是「自己的功勞」，而是「周遭旁人的功勞」**。

有一位學員曾告訴我：

「我也有一位非常重要的精神導師，多虧了那個人，我的人生真的變得不一樣了。以後我也想要成為別人的精神導師。」

這位學員受到對方照顧的同時，也承接了對方的意念，接下來也想要為別人付出。我認為這份意念絕對可以為他創造出更好的人際關係。

「如果說：『要是沒有他，就沒有現在的我』，我心中有沒有這樣的人物呢？」

一流人才也會對自己提出一流的問題。

Road to Executive

一流的人會問自己：
「是什麼造就了
現在的自己？」

對精神導師滿懷感謝，
自己也成為精神導師支持別人。

三流的人無視壓力的存在，二流的人會問：「什麼會成為壓力？」，一流的人會怎麼問呢？

你的意志力強嗎？

所謂的意志力指的是「精神」、「心靈」上的力量。最近很多人會說「我的意志力跟豆腐一樣」，就是說自己的意志力跟豆腐一樣很容易四分五裂的意思。

「意志消沉」也是一句經常聽到的話，代表內心已經不堪負荷。在職場中，我們偶爾也會聽到有人說：「那個人的意志大受打擊。」

一個人的意志力會瓦解，通常都是在固定的時刻。

那就是壓力到達頂峰時。這個狀態稱之為職業倦怠或過勞（Burn-out），會讓人陷入自我厭惡之中。

希望大家都能知道該如何「壓力調適」。

壓力調適是一種管理自身壓力的心理療法，許多企業內部、面臨危機的創業家、與壓力搏鬥的運動員都有在設法進行壓力調適。

壓力是依照刺激↓評論↓反應的步驟生成。

例如有人對自己說了不好聽的話。

刺激：「田中說我：『你都只顧著自己。』」

評論：「田中根本一點都不了解我！」

反應：「心裡感覺非常受傷。」

這一連串事件就會引發壓力。

反之，有些人就算聽到同樣的話，也可能產生不同的反應。

評論：「田中很認真思考我的行為舉止，好意提醒我。」

反應：「心情豁然開朗。」

如果是這樣的人，就不會感受到絲毫壓力。

就算接收了一樣的刺激，只要自己做出的評論不同，反應也會隨之改變。

對於「最近業績下滑了喔！要不要重新檢討一下做法呢？」這樣的指責（刺激），有些人會認為：「自己被罵了……」有些人則會眼睛一亮：「對方給了我非常好的建議！」

人生在世，每天都會接收到各式各樣的刺激，我們不可能讓這些刺激憑空消失。最重要的是，我們**「該如何對這些刺激做出評論」**。

評論的品質越高，我們的意志力就會變得越強。

反之，要是評論走向歧路，意志力就會漸漸減弱。

所謂的歧路又是什麼呢？

歧路就是下列這些思考模式：

①「應該」的思考模式

受到「應該怎麼做」、「不應該怎麼做」的思考模式操控，大腦裡無法浮現其他想法的狀態。

（例）「別人應該要更肯定我才對。」

（例）「那個人不應該插嘴。」

②選擇性思考

只選擇重視事物的其中一個面向，忽視其他面向的狀態。

（例）只對被罵懷恨在心，卻完全不記得自己也受到稱讚。

（例）只依自己喜歡或討厭對方做出判斷，無法維持中立的狀態。

③擴大解釋性思考

感覺到負面感受時，會放大解讀的狀態。

（例）「他對我採取那種態度，一定是想要排擠我。」

（例）「他對我說那種話，一定是對我抱有惡意。」

上述三種思考模式，共同點就是思考方向有所偏差、走上歧路。

在這個世界上，並非所有事都是非黑即白。

我們必須要有勇氣接受模糊地帶，這麼一來才能減輕壓力，強化意志力。

想要強化意志力，就不該問自己：「什麼事會對我造成壓力？」**該捫心自問：**

「我對那件事做出什麼樣的評論，才會對我造成壓力？」

當你感受到壓力時，請務必好好面對自己的心靈。

隨著內心做出的評論不同，你所看到的世界也會有所改變。

Road to Executive

一流的人會問自己：
「什麼樣的評論
會對我造成壓力？」

矯正認知偏差，強化意志力。

三流的人會問：「我比別人差的地方是？」，二流的人會問：「我比別人好的地方是？」，一流的人會怎麼問呢？

最後，我想跟大家討論「能讓自己獲得成長」的提問。

你是否曾經想過「為什麼自己比別人差」呢？

偶爾甚至覺得「跟別人相比，自己一點能力也沒有……」為此感到沮喪低落。

相反地，你可曾試著找過自己比別人優秀的地方？

但這麼做的結果可能會導致自己變得裝模作樣、高高在上，又或者只是滿足自己的虛榮心而已。

究竟什麼樣的提問才能讓自己有所成長呢？

讓我們先從「何謂成長」開始說起。

在我們學院中，成長的定義是這樣的。

「昨天還做不到的事，今天卻能做到了。」

只要有一件這樣的事，對自己而言就算是成長。例如：

昨天還解不開的數學題目，今天卻能解開了。

到了二十歲後，總算察覺到自己對父母的感謝之情，並坦率地對父母表達謝意。

成為社會人士後，原本不擅長的業務工作漸漸蒸蒸日上，順利簽下合約。

我認為，「所謂的成長就是與過去的自己做比較」。

感受到自己有所成長的喜悅，絕對不是與別人比較的喜悅可比擬。

海明威也曾這麼說過：

「比別人優秀並不可貴。真正可貴的是比過去的自己更優秀。」

常會有人來找我商量「我不敢在大家面前說話」的煩惱。

在日常生活中，幾乎不太會有機會需要在大家面前說話。光是能在大家面前說出話來，就是一件很厲害的事了。

一開始是在十個人參加的會議中發言，接著可以在三十人面前發表，到後來竟然可以在五十個人的大場面上演講。

就算聲音緊張得直發抖，偶爾也會吃螺絲，不過光是能在大家面前說話，都算是一種成長。

成長之後便能迎來成功，決不會是失敗。只要這麼一想，就能察覺到自己其實每天都能擁有成長的機會。

請大家務必要試著問問自己：

「有沒有什麼事是我昨天還做不到，今天卻能做到的呢？」

無論是大事小事都無妨，每天一定會有可以進步的地方。進步的軌跡絕對能帶領你前往更好的人生。

Road to Executive

一流的人會問自己
現在是否比過去變得更好？

透過與自己比較，
親身感受到自己每天的成長。

結語

我之所以會開始寫本書，是因為ChatGPT的問世。

ChatGPT這個聊天服務會針對使用者輸入的問題，由ＡＩ以自然的對話形式做出宛如人類的流暢回覆。

ＡＩ回覆的精準度之高掀起熱烈討論，世界各地的使用者都急速增加。

這代表著「由機器人教我們回答問題的時代已經來臨了」。

那麼，此時人類又該怎麼做呢？

這就是本書的主題——「提問」。

以後，這個世界會越來越需要懂得適當提問的能力。

如果對ChatGPT輸入了錯誤的問題，只會得到錯誤的答案。

例如，如果問：「為什麼我會這麼不幸呢？」機器人可能會冠冕堂皇地回答：

「因為你出生的地方不好」、「因為你以前沒能上學」、「因為朋友對你不好」等等。

可是，真相真是如此嗎？

「說到底，對我而言真正的幸福是什麼？」、「即使是微不足道的小事，也能讓我感到幸福的是什麼？」、「有沒有方法能改變不幸的定義呢？」

隨著提出問題的不同，答案也會截然不同。只要問對了問題，答案甚至能從「不幸」變成「幸福」也說不定。

在本書中，雖然大部分都是從與別人的對話提出問題。不過，對自己的提問也是重點之一。

「對自己提出的問題品質，能決定人生的品質。」這麼說一點也不為過。

本書介紹了許多提問能帶來的好處，例如營造出更愉快的對話情境、讓人激盪出新的想法、激發做事動力、為心靈注入滿滿能量等。

無論是在煩惱時、一籌莫展時、站在人生十字路口時，都請大家務必重新閱讀本書。相信書中的各種提問，一定能為你及周遭的人帶來更豐富的人生。

今後，我也將與你一起學習，共同研究提問的力量，我打從心底為你加油。
期待我們下次相遇的那一天。

Motivation & Communication股份公司
董事長　桐生稔

ideaman 178

一流、二流、三流的提問術

發掘問題，激勵他人，改變行動力的48個提問訣竅

原著書名——質問の一流、二流、三流
原出版社——有限会社明日香出版社
作者——桐生稔
譯者——林慧雯
企劃選書——劉枚瑛
責任編輯——劉枚瑛

版權——吳亭儀、江欣瑜、游晨瑋
行銷業務——周佑潔、賴玉嵐、林詩富、吳藝佳、吳淑華
總編輯——何宜珍
總經理——彭之琬
事業群總經理——黃淑貞
發行人——何飛鵬
法律顧問——元禾法律事務所 王子文律師
出版——商周出版
115台北市南港區昆陽街16號4樓
電話：(02) 2500-7008　傳真：(02) 2500-7759
E-mail：bwp.service@cite.com.tw
Blog：http://bwp25007008.pixnet.net./blog
發行——英屬蓋曼群島商家庭傳媒股份有限公司城邦分公司
115台北市南港區昆陽街16號8樓
書虫客服專線：(02) 2500-7718、(02) 2500-7719
服務時間：週一至週五上午09:30-12:00；下午13:30-17:00
24小時傳真專線：(02) 2500-1990；(02) 2500-1991
劃撥帳號：19863813　戶名：書虫股份有限公司
讀者服務信箱：service@readingclub.com.tw
城邦讀書花園：www.cite.com.tw
香港發行所——城邦（香港）出版集團有限公司
香港九龍土瓜灣土瓜灣道86號順聯工業大廈6樓A室
電話：(852) 25086231　傳真：(852) 25789337
E-mailL：hkcite@biznetvigator.com
馬新發行所——城邦（馬新）出版集團 Cité (M) Sdn Bhd
41, Jalan Radin Anum, Bandar Baru Sri Petaling,
57000 Kuala Lumpur, Malaysia.
電話：(603) 90563833　傳真：(603) 90576622
E-mail：services@cite.my

美術設計——copy
印刷——卡樂彩色製版有限公司
經銷商——聯合發行股份有限公司 電話：(02) 2917-8022　傳真：(02) 2911-0053

2025年1月2日初版
定價380元　Printed in Taiwan　著作權所有，翻印必究　城邦讀書花園 www.cite.com.tw
ISBN 978-626-390-361-6
ISBN 978-626-390-356-2 (EPUB)

線上版讀者回函卡

國家圖書館出版品預行編目(CIP)資料

一流、二流、三流的提問術 / 桐生稔著；林慧雯譯. -- 初版. -- 臺北市：商周出版：
英屬蓋曼群島商家庭傳媒股份有限公司城邦分公司發行, 2025.01　248面；14.8×21公分. --
(ideaman；178)　譯自：質問の一流、二流、三流　ISBN 978-626-390-361-6（平裝）
1. CST：職場成功法　2. CST：說話藝術　3 .CST：溝通技巧　494.35　113017514

廣告回函
北區郵政管理登記證
台北廣字第000791號
郵資已付，免貼郵票

115 台北市南港區昆陽街 16 號 4 樓

英屬蓋曼群島商家庭傳媒股份有限公司

城邦分公司

請沿虛線對摺，謝謝！

書號:BI7178　　**書名:** 一流、二流、三流的提問術　　**編碼:**

請於此處用膠水黏貼

讀者回函卡

線上版讀者回函卡

感謝您購買我們出版的書籍！請費心填寫此回函卡，我們將不定期寄上城邦集團最新的出版訊息。

姓名：＿＿＿＿＿＿＿＿＿＿　性別：☐男　☐女

生日：西元＿＿＿＿年＿＿＿＿月＿＿＿＿日

地址：＿＿＿＿＿＿＿＿＿＿

聯絡電話：＿＿＿＿＿＿＿＿　傳真：＿＿＿＿＿＿＿＿

E-mail ：

學歷：☐ 1. 小學 ☐ 2. 國中 ☐ 3. 高中 ☐ 4. 大學 ☐ 5. 研究所以上

職業：☐ 1. 學生 ☐ 2. 軍公教 ☐ 3. 服務 ☐ 4. 金融 ☐ 5. 製造 ☐ 6. 資訊
☐ 7. 傳播 ☐ 8. 自由業 ☐ 9. 農漁牧 ☐ 10. 家管 ☐ 11. 退休
☐ 12. 其他＿＿＿＿＿＿＿＿

您從何種方式得知本書消息？

☐ 1. 書店 ☐ 2. 網路 ☐ 3. 報紙 ☐ 4. 雜誌 ☐ 5. 廣播 ☐ 6. 電視
☐ 7. 親友推薦 ☐ 8. 其他＿＿＿＿＿＿＿＿

您通常以何種方式購書？

☐ 1. 書店 ☐ 2. 網路 ☐ 3. 傳真訂購 ☐ 4. 郵局劃撥 ☐ 5. 其他＿＿＿

您喜歡閱讀那些類別的書籍？

☐ 1. 財經商業 ☐ 2. 自然科學 ☐ 3. 歷史 ☐ 4. 法律 ☐ 5. 文學
☐ 6. 休閒旅遊 ☐ 7. 小說 ☐ 8. 人物傳記 ☐ 9. 生活、勵志 ☐ 10. 其他

對我們的建議：＿＿＿＿＿＿＿＿＿＿

＿＿＿＿＿＿＿＿＿＿

＿＿＿＿＿＿＿＿＿＿

請於此處用膠水黏貼